服務業管理概論

Introduction to Service Industry Management

張建緯◎著

序

序

　　本人拙著《服務業管理》自2002年出版以來，已經進入第十四個年頭了。我國目前的服務業態以十年為一區隔，幾乎更迭了兩個世代；期間的新興商業模式、科學技術設備、市場經營型態、行銷市場更迭、消費習慣改變、全球物流運籌等的快速變遷，使得當初的新書早已成為圖書館架上的陳年舊貨了。

　　亞洲金融危機、美國二次房貸演變的全球金融風暴、東協10＋1、各國金融量化寬鬆、中國「一帶一路」崛起、歐洲難民潮、地球快速暖化等的區域問題，尤其中國「電商」風潮席捲全球；在「漣漪效應」下世界商業動盪造成的服務業必須隨著世界脈絡進入新領域。

　　服務業現已成為全球帶動國家經濟進入高所得的敲門磚，所有產業都進入服務時代成「服務型產業」。網際網路、4G寬頻、行動上網，演變成熱門的「物聯網」，反應在「電子商務」產業上，行銷勢如破竹；因此，服務業的範圍與定義隨著經濟發展的廣度與深度而調整。

　　閒暇時翻閱作者十餘年前的出版，內容空洞、乏善可陳，令人汗顏。時光荏苒，其間作者經過博士進修、教學研究、出國交流、產學合作、輔導創業、發明製造、專利獲得、業界體驗；互動中對於服務與服務業的內涵與實務，有了更深一層的體認，對於服務業與創業結合的時代趨勢，尤其認同。年內拜讀坊間有關服務業管理方面的書籍，在吸收最新學研商知之餘，不經感嘆多年因循苟且的教學生涯，再不發奮急起直追，恐有隨時被淘汰出局的危機。

　　綜觀原書，章節連貫鬆散，內容拖泥帶水、撰寫疊床架屋；改版

內容對原書內容做了大幅度精簡及增編。原書除由十六章精簡爲十三章外，新書也將電子商務與創新創業的服務業時代趨勢加入，內容共分五大篇章如下：

- 「服務篇」——第一章～第四章，共四章8節。
- 「心理篇」——第五章～第六章，共二章4節。
- 「品質篇」——第七章～第八章，共二章4節。
- 「管理篇」——第九章～第十一章，共三章6節。
- 「網路創業篇」——第十二章～第十三章，共二章4節。

　　爲了更能反映內容實質，書名也由《服務業管理》更改爲《服務業管理概論》；除了從服務的觀念的歷史演變、服務業者與消費者的互動內涵、服務品質與服務業的連結、服務行銷的基本概念與策略、人類心理結構與服務的關聯、服務業人力資源管理在企業管理之內涵、企業管理與學術管理的差異、顧客滿意與品牌忠誠的相關、電子商務與服務創新創業新趨勢；從服務觀念、服務種類、消費者知覺、人腦偏差、服務品質、產學差異、人性管理、售後服務、電子商務、創新創業。

　　作者改版原書同時，獲得數位學者強烈建議在新版內容中，除了文字撰寫、圖表解說外，若能加入照片，一來可增加視覺效果，二來可以擴充版面，增加新書賣相。但筆者粗淺的想法：「教科書的目的應該是知識的傳遞、思考與擴散，作者的撰寫風格個性化地逐一融入在章節裡，除了能夠讓目標市場讀者獲得新知外，還要能從新知搭配實例得到啓發，進而將啓發『內化』成個人智慧資本，對個人未來從事此行業能夠起加分作用。」若書中加入圖片，圖片若與題材內容相符倒也還好，但若加入一些與實際內容無關的圖片，會造成內容主體失焦，知識傳授傾向被沖淡，可能僅能增加娛樂效果而已。若果真如此，作爲知識傳授的教科書就可能變成茶餘飯後的休閒書了。筆者也

曾以某作者出版的圖片綜藝化教科書帶入課堂授業過，但教學效果似乎無法得到學習學生們的認同。所以，作者還是決定「裡子比面子重要」，書內除了與該主題相關的圖與表之外，不加任何照片。

作者曾在服務業職場就業十六年，服務業實務經驗初備，後續仍繼續與產業、商業互動，從中得知服務業種種變遷，全書穿插作者體驗的許多個案與經驗，趣味性、可讀性高，本書可謂是一本貫穿服務業基本觀念的理論與實務入門書，藉由理論的說明，外加實例的介紹，不但對尚無服務業實習或工作經驗的大學生，以及想進一步瞭解如何在職場服務實務經驗那些「似懂非懂」的感覺，用學術用語「深入淺出」淺顯易懂；同時，對教授「服務業管理概論」的專業師資們，一看本書便能產生心有戚戚、深得我心的共鳴，這是一本既學術又實務的好書。

服務業管理範圍浩瀚，筆者才疏學淺，斗膽成書，敬祈各界前輩先進給予賜教指正。

張建緯　謹識

目　錄

服務業 管理概論

PART 2　心理篇　83

PART 3　品質篇　121

PART 4　管理篇　155

PART 5　網路創業篇　209

PART 1

服務篇

💬 服務的歷史演變

💬 現代服務業與服務業特性

💬 服務行銷系統與雙極服務

💬 服務者與消費者互動

第一章

服務的歷史演變

- 服務古與今
- 服務的未來

第一節 服務古與今

一、服務概念時代意涵

(一)古代的服從

常聽人說：「過去的服務如何如何……，現在的服務如何如何……」，究竟過去的服務和現在的服務有何差別呢？回顧人類歷史演進的軌跡，從上古的群聚、部落、城堡、諸侯、國王、軍閥、國家，每一組織的某位領袖或家族都掌握著一片土地、一群人民，在掌握的土地上實施君主獨裁、君主專制、君主代議。在民主生活尚未出現之前，居住在世界上所有人民幾乎都生活在專制獨裁，只聽命極少數統治者的威權，人民只有「服從」的義務；若違反「服從」時，「順者有福，逆者遭禍」的時代真理下，後果可想而知。所以，古代與中古社會，沒有「服務」概念，只有「服從」天條。

「服務」二字最早出現在西元前1792～1750年，古巴比倫王朝創出了《法典》（*Code of Law*）一書，規定凡被統治的人民違反「法典」中有關統治階級訂定「服務」人民的法律，就是「罪行」（crimes），將要被處以淹死刑罰。16世紀中，英格蘭「律令」有關「服務」人民的嚴格規定：(1)五人不可同在一張床上；(2)靴子不可上床；(3)狗不可進入廚房；違者將受到丟擲石頭懲罰。這種強迫人民「服從」的「服務」，也深深的被當代人民視為神聖不可侵犯的真理。18世紀美國獨立戰爭「不自由，毋寧死」讓人民得到解放，生活方式由專制體制轉變到選舉的議會政治，專制體制開始解體，民主觀念開始萌芽。

(二)近代與現代的服務

　　當西風吹進東方，東方開始學習西方，從前高高在上的統治者，突然發覺若沒有滿足人民對「服務」的期望，就有可能被人民用選票淘汰出局。由於制度的改變，「服務」已經被重新定義，從前的「服務」人民只有說「是」沒有說「不」的權利；現在的「服務」人民可以說「Yes」也可以說「No」，關鍵就在於人民的態度與意願的轉變。爲何從前只能說「Yes Sir」的情況現在變成可以說「No Sir」呢？這裡面牽涉到制度與文化的轉變，荷蘭學者Hofstede提出兩個文化概念──「權力距離」（power distance）和「個人／集體主義」（individualism/collectivism）。

　　「權力距離」就是說每一個人在社會上或組織中都會占有一個位置，每個社會或組織都有階級，位置與位置間就是距離，距離代表權力，距離越近雙方權力差距越小，距離越遠雙方權力差距越大。「個人／集體主義」是指西方世界因注重個人隱私，個人主義盛行；但東方社會不強調個人，崇尚集體風氣。

　　選舉制度來自西方，西方觀念侵蝕東方，選舉制度將中華文化中專制階級與人民之間的「權力距離」壓縮了，以往的威權統治者選舉時不能再高高在上，而必須對選民鞠躬哈腰，才能得到爲人民「服務」的機會。他們變得親民了，尊重個人選擇了，不再那麼霸氣了。知道以往用「服務」來懲罰人民行不通了，必須提出人民需要的「服務」獲得支持才能繼續「服務」下去。「個人取代集體」，「服從」一去不返，時代進入爲民「服務」的社會。

(三)奢華消費的服侍

◆經濟發達

　　自由經濟、產業升級造就大量土地、產業與科技暴發戶，產生

了炫耀性消費（conspicuous consumption）族群。索斯汀‧凡勃倫
（Thorstein Veblen）發表了《有閒階級論》（*The Theory of the Leisure
Class: An Economic Study of Institutions*）提到當社會上層消費層進入有
錢、有閒階級，為了襯托出社會身分、地位與尊嚴，一般庶民消費已
無法滿足其慾望時，就會出現炫耀性消費，願為特定商品或服務一擲
千金而面不改色；一坪天價的豪宅、高過一般車價百倍的超跑、動輒
上萬元一客的和牛魚翅套餐，更衣間成堆的百萬柏金包。

經濟頂層消費群已經脫離受僱階級而成雇主或個人工作者，他們
的理性消費觀已經超越庶民消費觀無法想像地步的奢華層級，此種奢
華消費層級的人口隨著經濟發展越來越多，奢華消費成為一種新常態經
濟，社會也給予這些靠努力打拚出頭的奢華族群一定的正面社會評價。

◆服務提升

企業為了搭配有形的奢華產品外，將「服務」同時提升至「服
侍」（wait on）階段，這些符號價值（signaling value）能滿足消費者
炫耀地位與身分。信用「黑卡」無額度限制消費，「封館獨享」客製
化服侍；「受寵若驚」的服務已經過時，「超越平凡，成就非凡」的
奢華體驗，才能凸顯身分、地位、威望與實力。奢華服侍消費標榜獨
享經濟，消費只問價值不計價錢。

例如古代宮殿式場所，加長型禮車、資深管家服侍，半蹲點餐仰
視貴賓，繞道側身低頭對話，45度鞠躬後退，動作洗練專業，服侍必
恭必敬。若是休閒奢華，直昇機接送至私人島嶼或遊艇，當紅影歌星
助興，現場服侍極盡奢華之能事；這不僅讓高端消費群感受貴族「主
僕式服侍」體驗，又能超越團體提升到個人「專屬服侍」境界。每一
細微服侍讓體驗者猶豫這虛幻服侍為何如此真實；最終達到馬斯洛
（A. H. Maslow）需求層次理論（Need Hierarchy Theory）的「自我實
現」最高境界。

◆奢華服侍時代產生

炫耀性奢華消費也會讓社會出現「仇富、反商心態」的負面評價，但隨著炫耀性產品、奢華性服侍不斷推陳出新，且人們都有或多或少的炫耀傾向，炫耀性奢華消費還包含文化的社會階層涵義，那就是「人定勝天」的毅力。不管你接不接受，「主僕式服侍」奢華消費時代已經到來。

◆奢華服侍庶民化

隨著高檔奢華服侍網路擴散效應，外加炫耀性奢華消費人口暴增，庶民經濟爭相仿效，業者將「頂級奢華」內容與細節稍做調整下推出「平價奢華」服侍，讓一般消費者亦能感受奢華服侍與高級服務之差異；業者的服侍從點、線，進而擴散到面，庶民高級服務的層次再度向上提升。

二、歷史的弔詭

回顧歷史，「服從」是古代專制制度下的僕役產物，「服務」是人類奮鬥爭取來的，「服侍」是市場機制快速產生的。歷史或許有些許弔詭，人類在經過幾千年的犧牲奮鬥、從「服從」枷鎖掙脫出、走入了「服務」的現代階段，現代人又想利用金錢回到仿古的「服侍」情境，那些在古代僅統治階級才能享受的「服侍」情境，但是在那「服侍」情境中，是否又夾雜著古代的「服從」意味呢？

三、服務內容歷史演變

(一)中古時期

古代交通不便、交通工具落後與地理知識的貧乏，「日出而作，日落而息」，人們敬天畏神，終老一生圍繞家園而居，鮮少遠離家

門，基本食衣住行需求，大多能就地解決，自給自足。若要外出則屬重大事件，例如帝王出巡、官吏訪察。歷史上曾出現幾次人類大遷移，背後原因均與政治有關。蒙古成吉思汗遠征歐亞，明朝鄭和下西洋宣揚國威，西方宗教十字軍東征，法國拿破崙征俄等都是如此。戰亂造成百姓流離顛沛，但自由遷移的案例，歷史記載乏善可陳。百姓大量向外遷移，維持基本生活所需的工具、設備、環境也消失了。百姓生活在外，必須仰賴當地資源協助，才能達到生存的目的。而提供離家遠行人員的生活所需，就是服務的雛形。

歐洲文藝復興物件東傳、馬可波羅東遊和中國商賈絲路西拓，東西方以物易物貿易商旅出現。經商途中，日常的食衣住行各項需求，均需部分或全部仰賴他人供給或幫忙才能達成外出經商的目的。基於市場供需原理，有需求就有供給，於是商旅的服務市場形成。飯館、客棧、雜貨、馬車、維修等服務提供，使人們雖離家但衣食無缺，更讓人體驗各地民俗文化與風土人情。這美好回憶激勵各行各業頻繁向外移動，生意人為滿足人們外出時的不便，經常移動的重要路線上，安排出外人民生的基本需求與舒適環境，使他們愉快地完成既經商又遊玩的異國體驗。周而復始的活動，造成旅遊的興起，伴隨提供旅人生活所需，服務觀念產生。「人類由居住場所向外移動，經由他人有時或不斷地提供協助與幫助，才能達到目的過程，就是服務」。

西元1842年世界上第一家旅行社由Thomas Cook創辦，這項創舉對近代服務業在觀念上、結構上是一大創新，它對後來服務所造成的影響有下列六項：

1.將服務首次以企業化呈現。
2.將服務項目表列化。
3.將服務的範圍跨國化。
4.將服務的抽象實體化。

5.將服務由服務個人進入到服務大眾化。

6.將服務由食衣住行提升至育樂化。

(二)近代時期

服務企業化大致起源於1850年代，工業革命使得工廠大量製造生產，各行各業雨後春筍般地到處出現，那時的產品製造公司都是單純地製造產品。火車的發明，能夠載運大量旅客翻山越嶺到達人跡罕至地區；輪船的發明，突破人類長期涉水能力不足的問題。1870年代美國西部鐵路大建設，火車可運大量物資到遠處；冷藏火車車廂的出現又將運送物資種類擴大到民生用品的肉品，同時需要儲存物資的場所——倉庫出現。企業運送物資到站無法處理後續工作，於是代辦幫忙處理，並從中獲得報酬。成立於1863年的縫衣機工廠「勝家」（Singer），機器運到當地也是聘請當地代理維修，這些服務是收取酬勞的維修服務。昔日無法到達的地方或需長時間於路程上的場所，伴隨歐洲商業活動頻繁，國家間與人際間互動密切。西元1903年飛機的發明，更是人類發明的傑作，它達成人類自古以來實現飛行的夢想，也使得服務場所由地面升上天空，服務層次由平面轉成立體。隨著人們移動「數量」的增加，「速度」的加快，服務方式五花八門。

戰後嬰兒潮使人口暴增，教育普及，收入增加，除了民生必需之外，對於知識精神層面探索與渴望增強，物質在「數量」需求大增。商人在商言商，思考如何讓顧客數量上得到滿足後，將僵化「服務」展現多樣化面貌，服務內涵開始建構。

(三)現代前期（1950～1980）

1950年代，美國將二戰期間美軍二洋作戰的運補經驗轉換到商業界，民間廠商整合在上中下游的協力廠商，供應鏈（supply chain）服務觀念產生。1960年代美國總統詹森（Lyndon B. Johnson）的「新

政」使得美國交通建設突飛猛進，帶動觀光事業蓬勃發展，物質的不虞匱乏，美國對於「數量」的堅持，還是沉溺其中。1973年中東以阿戰爭，使得國際原油大漲，國際觀光業成本增加，消費者在付出高額金錢的同時，對於服務內容的素質，也日漸挑剔。同時油價也衝擊以製造「數量」取勝的美國，東方的日本開始生產以「質量」為主的產品，「輕、薄、短、小」取代了「厚、重、高、大」，日本的質量戰勝了美國的數量。服務觀念也從粗獷朝精緻移動。當「日本第一」（Japan as Number One: Lessons for America）觀念興起，人們發現這個亞洲國家的產品和服務，不管是設計上、品質上、功能上是那麼精巧耐用，當消費者選擇增多時，日本汽車、家電、3C產品便橫掃全球。1980年代開始全世界都在學習日本精神，日本式服務凸顯現代服務的特點。

(四)現代中期（1981～2000）

1980年以前，製造業與服務業劃分非常清楚，當時美國企業會讓供應鏈廠商自由與對手進行交易而不加干涉，企業服務化快速發展。漸漸地，企業跨國競爭白熱化，市場進入殺戮戰場，跨國企業為維護本身利益，大幅調整長期放任供應鏈自主政策，改採「有我無他」的禁業條款，禁止系統供應鏈廠商與外界接觸，否則立即遭遇嚴厲後果。由於跨國企業採購能力龐大，垂直整合供應鏈產生的複合式服務在市場上所向無敵。

經濟景氣增溫、民眾收入增加、休閒風氣普及；新型連鎖系統、大眾捷運系統、大型娛樂場所、航空網路建立、科技技術開發，大大增強服務業的服務品質及效率。日常的自動櫃員機（Automated-teller Machine, ATM），改變銀行服務方式；24小時超商深入大街小巷；麥當勞駕車購物（drive through）服務，創新服務更便捷。電子商務讓顧

客全天候線上購物，企業如何用更便捷、更快速、更安全服務減少顧客寶貴時間，是永無止境的挑戰。

中國特殊的服務現象——「應付」式服務

　　服務的真諦應該是為顧客著想，盡可能在合理的範圍內滿足消費者的需求，讓顧客有賓至如歸的感覺。但是在中國旅遊，你非常有可能會碰到下列狀況：

　　在旅館櫃檯問：「請問車站怎麼走？」答：「對不起，我是騎摩托車來上班的。」問：「請問附近哪裡有便利商店？」答：「不清楚，我剛來任職上班不久。」問：「請問離這裡最近的加油站在哪裡？」答：「這裡沒有加油站ㄟ（其實他每天都會經過加油站的）。」

　　在旅行社問：「可否推薦一下此地有名的景點？」答：「靠牆邊有名勝景點的小冊子，你自己看看吧！」

　　在車站問：「請問這裡怎麼叫計程車？」答：「喔，很難叫得到喔！」

　　在旅行車內問：「師傅，拜託請開一下冷氣，車內空氣好悶喔！」答：「我最近感冒不能吹冷氣。」

　　入住旅館登記時問：「我不要抽菸房間。」答：「那你開窗戶讓風吹吹就沒有菸味了。」

　　旅客邊看站牌邊問路旁停靠的計程車司機：「請問師傅去××地方要搭幾路車？」答：「沒問題我可以載你去。」「不，只要請你告訴搭幾路車就好了，謝謝你！」「很遠ㄟ……（沒下文）」

　　問：「木瓜一斤多少？」答：「15元一斤，很甜，要幾個？」

「那西瓜一斤多少？」「……8元。」「那橘子一斤多少？」「……（沒下文）」

　　上述這些在中國旅遊時（尤其是二線城市以下）經常會碰到的情況。

　　再看看進中國公家單位洽公時的現象：

　　「請問××局的××處在哪一棟樓？幾樓？」答：「在前面大樓的三樓。」「（順著指示抬頭一看，眼前有好幾棟大樓）到底是哪一棟呢？」

　　「（走進○○聯合辦公大廳內服務台）請問○○處在哪裡？」答：「（服務員手機滑完了後抬頭）你上三樓問問……」「……（無言，我去問誰啊！）」。

　　「（隔著銷售窗口櫃檯）請問一張到××的票多少錢？」答：「（擴音器傳出手機還在聊天的同時，銷售員夾雜回答了一句）48元，（你不要租那一間，那一間……繼續聊天中），48元……，ㄟ，48元你要不要？……」，「……（無言，我站在外面哪知道你在跟誰說話啊！）」。

　　「（進了車站大廳）請問○○號公交車站在哪裡？」答：「一直走就到了……」「……（前面一片人海茫茫，怎麼走啊？）」

　　從官方機關到民間業者，上述現象在中國可說是非常普遍。雖然全國各地的樓牆上、廣播中、宣傳車上，看到的、聽到的都是「敬愛的……」、「尊敬的……」、「為人民服務」等口號與標語，但是實際讓人感受的卻完全不是那麼一回事。這種現象與其說是「服務」，不如說是「應付」。

　　在中國要勞駕別人舉口之勞（還談不上服務），好像是對自己一種奢侈的恩惠。他們都想趕快地打發你走，免得打擾到他們的作

息。在吃過多次白眼、閉門羹後，每當要請教陌生人問題時，總要心
理建設一番後（記住：這裡不是台灣，不要將台灣的服務標準用在此
地），才能鼓起勇氣詢問，慢慢地也對社會主義中國式服務釋懷了。
這也難怪到訪台灣旅遊的大陸客都一致認為台灣人的人情味「令人懷
念」，原因就在此，因為他們在他們的國家一樣會碰到上述的遭遇。

第二節　服務的未來

一、虛擬服務

(一)網路興起

　　以往出國旅遊從購買機票、住宿旅館、交通運輸、景點參觀等一
系列活動安排都要旅行社代勞或本人逐一克服，曠日廢時。拜網路發
達之賜，現在旅遊問題，網路一次搞定。房屋仲介、餐飲經營、網路
購物、交通運輸、客訴中心；這些以往需要大量人力物力的產業，現
在全部交給網路解決。

　　這種「網路＋產品」（Business to Customer, B2C）的服務模式，
已經改變傳統服務業面對面的經營模式；Online to Offline（O2O）更
讓個體戶可以網路創業。

(二)企業電子化

　　企業電子化（e-business）是將企業內網路（intranet）與企業外
網路（extranet）及網際網路（internet）的情報和知識與供應鏈商、經

13

銷商、客戶、員工及策略夥伴資訊結合在一起。在電子化範圍內，相關策略夥伴藉由網路改變企業流程，將企業前端、中端、後端利用電子技術連結企業內部行政資源和外部產業資源，將傳統企業行政電子化，增強企業行政效率。

(三)電子商務

電子商務就是「網際網路internet＋商務commerce」，就是把傳統的商業活動搬到網路上運作。電子商務要以企業電子化做根基，在網路平台上販售商品。

(四)物聯網服務

物聯網概念的啓蒙是Ashton於1999年在麻省理工學院最早提出網路服務概念；它是一套由：(1)無線射頻識別（Radio Frequency IDentification, RFID）；(2)紅外線感應；(3)全球定位系統；(4)雷射掃描組成的系統；將產品資訊經識別、定位、監控和管理的網路技術。國內超商、量販店結帳使用的條碼掃描機，就是RFID技術。Ashton在2005年認爲物聯網覆蓋範圍不只是RFID技術，在網路平台上RFID將產品端資訊延伸至任何用戶端或企業端，進行訊息交換和產品交易的新型態。

最著名的物聯網企業「阿里巴巴」在十五年內創造出亞洲首富，就是一個極爲成功的案例。物聯網是「網路＋產品＋購買＋物流＋宅配」，以服務爲核心結合相關產業，爲消費者創造出多樣、快速、價廉、便利、輕鬆的網路購物服務，或將成爲未來網路經營的主流。

二、製造業服務化

傳統製造業的分工與科技快速進步，搭配服務給了它發展契機。某油漆製造業OM（Original Manufacturer）爲了轉型，從純賣油漆給汽

車製造公司，進而配合汽車製造的規格顏色，專門為該廠商製造專屬塗料，由車廠提供設備油漆商負責幫汽車上漆；這種「產品＋服務」的OEM（Original Equipment Manufacturer）代工服務，將製造業注入了新服務。

「台灣積體電路公司」更將OEM提升到ODM（Original Design Manufacturer）代設計製造服務，由台積電負責設計、製造，這種「設計＋產品＋服務」的套餐服務，使得台積電成為台灣龍頭企業。

另一龍頭企業「鴻海精密」，針對電子業提出了多種組合模式：

1.EMS（Electronics Manufacturing Service）提供經濟規模電子專業代工製造服務。

2.CMMS（Component Module Move Service）模組代工模式服務包含兩個子模式：(1)JDVM（Join Development Manufacture）共同開發製造；(2)JDSM（Join Design Manufacture）共同設計製造。

將服務理念導入科技製造業，搭配組合式服務成為新興服務製造業，在21世紀服務性產業中，成為科技製造業「服務化」（servitization）。服務業由單純服務轉型成異業組合服務；美容院加賣洗髮精、咖啡店家賣咖啡豆、洗衣店加賣洗衣精。電腦普及將人類生活由實體進入虛擬，網際網路使得傳統服務進入網路服務。不論是查詢各種資訊、閱讀新聞、上網購物、網路報稅、網路交友、遠距教學，網際網路已成生活必需品。

三、數位服務全球化

網路與行動裝置連結，加速服務業升級，智慧終端、數據雲端演變電子貨幣或塑膠貨幣網路交易，更大量節省消費者時間，這種快速的網路服務造成傳統服務強烈衝擊。亞馬遜（Amazon.com）網路商店快速崛起，臉書（Facebook.com）網站輕易打動消費者。這種個人或

少數人創意與網路結合，能夠在短時間內顛覆百年老店，美國的Sears與Kmart兩家老牌百貨公司相繼消失，便是一個很好的例子。

四、網路駭客

網際網路全球化也造成網路駭客（hacker）入侵災難，駭客不但惡意侵入各國網站癱瘓網站、偷取資料，迫使各國紛紛建立隔離網路系統，避免網站後台原始碼被駭客侵入盜取。因為怕被外國駭客入侵竊取資料，中國本身建立自主網站「百度、騰訊」，就是一例。網際網路優點不勝枚舉，但網路駭客的出現，的確造成網路虛擬世界的隱憂。

五、結語

服務的型態從封建時代的「服從」，經民主化、人性化的環境，演變成現在的「服務」，經市場高消費族群出現了奢華性「服侍」。觀察現階段國內公家單位服務，或多或少仍保存著「服從」遺留下來的威權遺跡。

古代人類因居住環境改變而被迫向外「移動」，因「移動」有生活的基本需求而需要別人提供「服務」，單一「服務」內涵不斷重複匯集成「服務業」。「服務業」發展是由大眾需要自然演變而來，先從個人的飲食（食）、穿著（衣）、居住（住）、交通（行）開始，進而養育教育（育）、休閒娛樂（樂）慢慢擴大。服務與服務業反映在實務上，就是小吃攤→餐廳、客棧→旅館、穿著→服飾店、騎馬→馬車、遊玩→旅行社。

「服務」因產品而出現，「產品」因服務而結果，近代服務特色是服務的大量化。現代服務與知識、技術、系統整合，提供遠較過去為多的多樣性服務。在實體服務與虛擬服務的不確定性下，服務業挑戰性更加艱鉅。

第二章

現代服務業與服務業特性

- 現代服務業
- 服務業特性

第一節　現代服務業

一、現代服務業指標

(一)「國民所得」與「民主素養」

　　國家經濟發展與國民所得不斷提高，使國民素養不斷提高，這是現代服務業培養的重要溫床。某些國家已進入民主生活模式，但國家國民所得偏低，經濟成長率緩慢。同樣地，某些國家國民所得不斷提高，但國民民主素養卻不如預期提升。這些國家不是在國民所得上還需繼續努力，就是在民主素養上還有成長空間；這些都稱不上已經進入現代服務業社會。

(二)「全球先進化」與「民主成熟度」

　　我國自古以來，由於封建社會長期統治，服務概念一直沒有出現。「服務」概念是由西方先進國家引進到東方來的，要看一個現代國家服務業發達與否，「全球先進化」與「民主成熟度」兩項社會指標是重要參考數據。

　　全球先進化是一個國家國民消費能力的物質條件，就是一個國家國民所得高低，能夠支撐服務業消費的多寡。民主成熟度是一個國家國民消費行為的精神條件，也是一國人民消費時，服務者與被服務者有無將「利他、同理心」觀念納入消費行為考量中。基本上，要達到現代服務業目標，就要參考上述兩項社會指標。

◆服務業在台灣

　　我國遷台後產業由農業著手，逐漸農業加工、進口替代、工業

外銷、重工業、資訊業、網路業；國家也由低度開發、開發中而邁入國民所得（GDP）超越兩萬美元的已開發國家。我國產業結構，由第一級產業（農、林、漁、礦），過渡到第二級產業（加工製造業），進入目前第三級產業（服務業）。一個國家服務業占該國經濟活動比例，可以觀察出該國服務業先進程度。

至2011年，英、日、法、德服務業占GDP比重在71～75%，美國77%，台灣65.89%（2014/09），中國43%。服務業吸納就業人口占總就業人口比重，先進國家60～75%，開發中國家45～60%，低收入國家30～45%。我國在批發零售業、金融保險業、不動產租賃業、運輸倉儲業、通訊業，共占服務業60%，是最重要的五大民間服務業。

2008年金融海嘯後，網路服務業興起，服務業走向創業密集產業。人民生活需求就近解決，造就台灣有全世界密度最高的便利超商，連鎖服務業來勢洶洶。食品安全風暴席捲全台，造成後續醫療照顧服務的沉重負擔，各種食品業檢驗服務陸續登上檯面。少子化下的菁英教育，使得教育服務業一枝獨秀。老年人口數將於民國105年超越幼年人口，老年長照服務業看好。生產型農業轉換成新價值鏈農業樂活農業，擴大農業旅遊服務業；國民生活對環境要求越來越高，維護環境品質的低碳綠色環保服務業是明日之星。數位內容、設計服務、資訊服務、物流、互聯網、民生服務、連鎖加盟、文化創意等服務業嶄露頭角。

歐美先進國家分析其產業服務內涵結構變化，不難看出現代服務已朝標準化、精緻化、多樣化發展，現代服務在感受上有層次不同，從量變到質變、實體轉虛擬，以往追求服務品質，現在追求服務價值。服務業在國際上也扮演重要角色，諸如外交、文化、教育、科技、交通、通訊、廣播、資訊、金融、保險、不動產、貿易、旅遊等，構成了國際社會活動錯綜複雜、相互競合服務。網際網路、電子商務、互聯網配合穿戴裝置，服務業進入虛擬，國界限制排除服務更

加便利。

◆觀光政策現況

　　政府「觀光大國行動方案」推廣文創產業，深化品質、特色觀光、智慧觀光、永續觀光，營造台灣處處可觀光的觀光大國。2014年來台觀光人數達910萬人，推廣文創產業，協助中小企業電子商務，發展優質服務；擴大陸港澳入台簡便方案，更新入出境管理系統，推出「遊憩據點特色加值計畫」、「特色觀光扶植計畫」、「多元旅遊產品深耕計畫」，對外推出「台灣觀光目的地宣傳計畫」、「高潛力客源開拓計畫」，吸引國際旅客尤其高值化客源來台體驗。重點加強「Taiwan–The Heart of Asia」形象宣傳，以Diversity（多元化）、Life Style（生活化）建立觀光國際形象品牌。

　　開發東協新富階級以及穆斯林旅遊市場，鼓勵業者加入清真餐飲行列。推廣郵輪來台停留，開發高端族群來台觀光。與文化部結合發展文化觀光，行銷熱門拍戲景點，邀請知名藝人代言，包裝主題式旅遊。積極推動觀光資訊科技整合，藉雲端技術及APP功能，提供旅客無縫友善服務。設計套餐式旅遊行程整合服務供應鏈，增加觀光銷售促進來台人數，提供友善綠色低碳交通工具，強化無障礙環境，廣設交通動線景點指南，鼓勵民宿及原住民業者，提供異國觀光體驗。

　　服務業之所以在先進國家得到迅速發展，很重要的一個原因是服務業是市場經濟的基礎產業，當物質生產達到一定普及水準的時候，民眾對生活有向上提升的需求與期待，使得產業都朝著「服務導向」的方向發展。

　　服務業發展快慢，關係到經濟以至國家的發展方向。市場經濟是透過市場需求面和市場供給面結合而成的，它的核心是「交換」，它不但包括物質產品的交換，還包括資金、人才、技術、資源、知識、訊息和市場的交換。

　　市場經濟的交換活動不斷發展和壯大，產業交流更加錯綜複雜。單獨產業無法產生放諸四海皆準的標準；再者，異種產業與產業間，也無共通的產業語言可以接軌互利。若要擴大小眾產業經濟影響力，或讓獨特產業存活於21世紀市場經濟，要將服務特性與機制融入產業，將產業剛硬特性融入服務機制，轉換為大眾耳熟能詳的親身經歷。產業從「生產導向」轉換成「服務導向」的過程中獲利，於是「服務」產生風起雲湧的感染效應，各產業爭相朝服務型產業方向調整，服務的特性與機制被經濟市場肯定，服務性相關行業遍及各行各業，服務業的加速發展是經濟發展必然的趨勢。可以說，市場經濟是在各產業不斷增強其產業服務概念的基礎下，才能維持生存與向上發展，先進國家產業模式即可充分說明。

二、服務業分類

(一)依據國民會計規定

　　第三產業服務業在進入21世紀後，由於科技進步，使得服務業在所有產業中一枝獨秀，獨占鰲頭，產業如今都得朝「服務導向」的方向傾斜。我國國民會計規定下，服務業的範圍可分為四大類（**圖2-1**）：

1. 消費性服務業：以民生消費為主，如旅遊、銀行、餐飲、娛樂、旅館、航空。

2. 生產性服務業：以服務廠商為主，如會計、保險、法律、廣告、媒體、工程。

3. 分配性服務業：促進生產與消費交易的中介服務，如批發、倉儲、物流、零售、量販。

4. 非營利與政府服務業：國防、教育、治安、宗教、衛生保健。

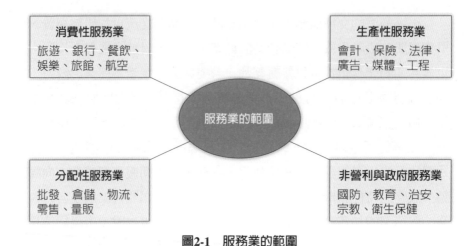

圖2-1　服務業的範圍

(二)依服務活動本質

1. 顧客參與的有形服務：如航空服務、算命、速食等以「人」為主的服務（people processing）。傳遞過程顧客必須親自在場接受服務。

2. 顧客物品的有形服務：如快遞、修補物品、看護嬰兒。此類服務顧客不需在場但物品必須在場，這是以「物」為主的服務（possession processing）。以物為主的服務重點在顧客財產或所有物；例如房子、汽車、電腦，服務的活動類似製造業，必須限時完成。

3. 顧客參與的無形服務：如通訊、教育、傳道。顧客的心思必須在場，這是以「心靈」為主的服務（mental stimulus processing），但亦可用於現場或遠距。

4. 顧客物品的無形服務：如保險、投資、顧問。此類服務是以「訊息」為主的服務（information processing），顧客在提出服務需求時，可以無須直接參與。這類服務特別需要靠資訊蒐集來處理工作，如財務、法律、企業診斷等，如**表2-1**所示。

5. 有形產品與無形服務連結的服務：網購服務一端有形產品，一端無形產品，中間工具可能有形（車輛運輸）也可能無形（網路傳遞），或者是兩者都有的產品，如**表2-2**所示。

表2-1　瞭解服務行動的本質

服務行動的本質	接受服務的對象	持有物
有形的行動	人的本身 乘客運輸 健康照顧 旅館住宿 美容沙龍 物理治療 健康中心 餐廳／酒吧 理髮 葬儀	實體東西 貨物運輸 設備修理維護 倉儲 警衛保全 零售配送 洗衣乾洗 加油 景觀與草地維護 廢棄物處置與回收
無形的行動	人的心靈 廣告 藝術與娛樂 廣播／有線電視 管理顧問諮詢 教育 資訊服務 音樂會 心理治療 宗教 電話諮詢	非實體東西 會計 銀行 資料處理 資料傳送 保險 法律服務 程式設計 研究 有價證券投資 軟體諮詢

表2-2　有形、無形服務、搭配兩者兼有的服務

有形	兼具有形與無形	無形
高爾夫俱樂部	球具兼果嶺費	果嶺費用之服務
計程車	燃料相關費用	駕駛的服務
西裝	修改服務的西裝	代客修改的服務
飛機	附午餐的班次	無餐點的班次服務

(三)依不同基礎方式

◆服務傳遞方式

所謂傳遞的方式就是接觸的形式，如**表2-3**所示，包含：

1.顧客須至服務場所直接接觸。

2.公司派人至特定場所服務。

3.雙方以通訊接觸服務。

服務如何傳遞會影響顧客服務體驗，無論是對服務人員或是提供服務增加成本都包含在內。服務便利性、快速性對顧客非常重要，不管是顧客自己到服務地點，還是服務人員到顧客場所，還是雙方透過通訊接觸。

◆服務需求本質

製造業可儲存貨品避險，服務業無法將服務預先儲存。淡季、旺季產能供需過剩與不足問題一直存在，尤其有形實體服務較無形資訊服務更會發生產能問題。當人員與實體均受限制的時候，管理變成一項挑戰，如**表2-4**所示。

表2-3　依服務的傳遞方式分類

顧客與服務組織之間互動的本質	服務據點的有效性	
	單一據點	多重據點
顧客自己到服務組織	戲院 理髮廳	公車服務 速食連鎖體系
服務組織到顧客的地方	保養草皮服務 除蟲服務	郵件服務 道路救援服務 計程車
顧客與組織間透過通訊來接觸	信用卡公司 地區電視台	廣播網路 電話公司

表2-4 依服務需求本質分類

超過供給時	需求隨時間波動的程度	
	範圍寬	範圍窄
可滿足尖峰需求 （無重大延遲）	電力 天然氣 電信局 醫療單位 警局與消防局	保險 法律服務 銀行 洗衣店
尖峰需求超過產能	會計與稅務單位 運輸業 旅館業 餐飲業 戲院	與上格中的服務業相似， 但以他們的規模基本水準 而言，沒有足夠的產能

◆服務經驗屬性

　　服務業的服務經驗是要花時間累積的，如飛機客艙、旅館房間、銀行大廳等，當顧客造訪服務場所體驗服務時，對無形服務體驗重視。

　　圖2-2是人員與設備涉入服務程度圖，圖中包含：

1.人員構面：顧客與服務人員。
2.設備構面：傳遞服務與實體設備。

　　顧客在服務的過程接觸實體的程度越高，服務人員、設備成為服務體驗重要性也越大。此種分類顯示相同產業，消費者在人員與設備關切度不同而有所不同，如汽車旅館與遊樂區旅館。同樣是旅館，前者在顧客到達旅館提出需求後，拿著鑰匙便以自助方式進入指定房間；而遊樂區旅館從顧客到達旅館大廳起，服務人員與顧客便開始互動。當然，遊樂區旅館這種人員屬性服務業比汽車旅館這種設備屬性服務業難以管理，因為人為操作比機器操作較難達成一致性，因此業者為求方便省事，大都會採取自助式防務。而自助式服務又分自動販賣機服務與速食自助餐廳服務。前者是依據操作流程標準化而設計的

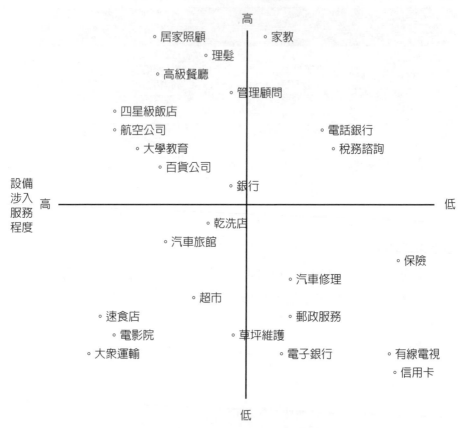

圖2-2 人員與設備涉入服務程度圖

按鍵方式，顧客僅能依據原設計之指令輸入選擇，毫無自行改變操作流程的空間；而後者之操作流程方向雖趨於一致化，但顧客可以在操作體驗過程中依據個人喜好做調整，增加操作體驗滿足感與服務過程滿意度。

著重消費者對服務傳達的知覺，特性構面是連續的。如廣播電台播放音樂被歸在人員與實體設備均低接觸類別；高價位休閒飯店被歸到人員與設備均高接觸類別；管理顧問公司則被歸在低接觸實體設備、

高接觸人員類別；捷運則是高設施、高設備屬性但低人員接觸類別。

◆服務產品屬性

經濟學家將服務性產品的性質分成三種：

1.搜尋屬性：消費者在購買產品之前就能判斷的屬性，如顏色、款式、價格、硬度。

2.經驗屬性：只有在購買時或購買後才能察覺的屬性，如味覺、耐用度。經驗屬性高的商品有假期、餐點；除非要購買消費，否則無法事先知道或評量。

3.信用屬性：即是消費者購買後也難以評估的屬性，如汽車零件更換與施工、醫學檢驗、機械維修。即使服務已經完成也很難瞭解服務是否適當被執行。

◆服務組織與顧客關係類型

服務業依據服務顧客傳達方式來分類，要建立「會員」關係？服務傳遞是連續性的？還是非連續性的？表2-5看出這兩因素區隔的四種服務性組織。

表2-5　顧客的關係分類表

服務傳遞本質	服務性組織和顧客之間的關係類型	
	會員關係	無正式關係
連續性的傳遞	保險 有線電視用戶 大學入學登記 銀行業務	廣播電台 治安維護 燈塔 高速公路
非連續性的傳遞	電話用戶的長途電話 電影院套票的預約 通勤的回數票 保證期內的修護 會員的醫療行為	汽車出租 郵政服務 收費的高速公路 付費電話 電影院 公共運輸 餐廳

與顧客保持會員關係的優點是能掌握公司客源及其動向,方便隨時提供顧客服務。服務與定價有關鍵性,如屬連續性服務,合約期間繳費便享有會員服務,會員關係與「顧客忠誠」有關,如旅行業、航空業、旅館業的會員制便是。

◆顧客化與員工的自我判斷程度

顧客多會找現成的服務,很少會預訂服務。由於服務與消費有「不可分離性」特性,提供適合的服務符合個別顧客需要是可能的。圖**2-3**中表示出顧客組成的兩個構面:

1.服務和傳遞範圍特性提供給顧客。
2.與顧客接觸的服務人員有多少自由判斷的空間為個別顧客服務。

第一類型「低傳遞、低接觸」:如公共運輸按照先前排定的標準操作;餐廳的菜色是固定的,顧客處於被動地位。

顧客化的服務特性的範圍

		高	低
與顧客接觸的人員自由判斷能符合個別的顧客需求範圍	高	法律服務 醫療保健／外科手術 建築設計 房地產仲介 計程車運輸服務 美容師 水管工人 教育（依學分收費）	教育（大班制） 預防性的保健計畫
	低	電話服務 旅館服務 銀行業務（巨額貸款除外） 優良餐廳	公共運輸 例行性裝置維修 速食餐廳 電影院 觀賞運動比賽

圖**2-3** 「服務傳遞中的顧客化程度及員工自由判斷程度」分類

第二類型「低傳遞、高接觸」：如電話秘書；銀行帳戶個人化能定期收到個人財務狀況；旅館或航空公司提供多樣且彈性的服務選擇給顧客，這類業者與顧客互動是有約束性的，除非有突發事件，否則仍依SOP操作。

第三類型「高傳遞、低接觸」：服務人員與顧客間有較大空間，但顧客所接收到的服務和其他人一樣。如老師上課密集傳遞資訊，但與學生互動較少。

第四類型「高傳遞、高服務」：服務人員與顧客互動密切，控制權由使用者轉到生產者手中。如外科手術、法律、醫療、會計等，此類的特性為白領階級、知識性服務業。

服務性企業內的服務部與財務部對消費者認知差異在「距離」，服務經理要求行銷多樣化增加預算，財務經理要求作業標準化降低成本，如何解決衝突需在「顧客導向」介面上分析協調，才可控制預算。

現代成功的服務業者若能將服務自動化，就可取得經濟規模，速度、一致性、價格三者權衡，對消費者來說較客制化來得重要。如航空公司或旅館，顧客期望與他人分享公共設施，顧客喜歡預先知道他們購買的商品特性以及所能得到的服務。不確定的服務情況並不受歡迎，當服務要以判斷為基礎時，則專業服務人員的角色，就更顯重要。

◆分類架構

1. 依「利益長短程度」分類：比較商品持久性差異，服務亦可根據利益持續時間長短分類。如洗衣服務是直到衣服下次穿髒換洗為止；墨水利益直到整盒用罄為止；回流教育、終身學習教育的服務利益直到百年。坊間辦理教育訓練的利益相對短暫，因新知或新訓練方式出現之故。這種重複性需求因顧客選擇增

多，業者須在每一環節投入才可能與顧客利益結合。

2.依「服務傳遞持續時間」分類：時間短至幾秒的個別詢問和長達數年的基礎教育。服務傳遞時間越長，表示顧客參與傳遞的時間相對延長，此時業者可能需要提供有關食、衣、住、行、育、樂的附屬服務（supplementary service）。如顧客久候時要提供茶點或娛樂讓顧客解悶，又如航空公司飛機延誤，會提供餐點甚至提供交通、住宿等。Thomas Cook將投入資源是靠人或靠物，區分為「以人為基礎」和「以物為基礎」的服務業，Enrich混合兩者的「混合式」。

服務業依據行業性質，大約可劃分為五種，如**表2-6**所示。

表2-6 依據行業性質分類之服務業

類別	行業
分配性服務業	批發業、零售業、量販業、國際貿易業、運輸業、倉儲業、通信業
金融服務業	金融業、證券業、期貨業、保險業、租賃業
生產者服務業	法律及會計服務業、土木工程業、廣告業、設計業、出版業
消費性服務業	餐飲業、房地產業、進出口業、資訊服務業、其他工商服務業、電影業、廣播電視業、藝文業、娛樂業、旅館業、個人服務業
公共服務業	環境衛生及汙染防治業、社會福利業、公共行政業、國際機構及外商機構

三、服務業種類

我們在劃分服務業的範疇與種類時，仍然會從傳統服務業的範疇說起，也就是一般大眾認知的企業談起，本文納入的服務業業種共有十種，分別為：餐飲服務業、旅館服務業、教育服務業、醫療整型服務業、廣告服務業、通訊服務業、金控服務業、旅遊服務業、電玩服務業、房仲服務業。現在分別說明如下：

(一)餐飲服務業

◆餐廳產業

餐廳服務廣義上是指「人們吃的食物市場」，包含：(1)「外食」——在餐廳吃；(2)「內食」——外帶買回家吃；(3)「中食」——購買熟食在店鋪外吃，如便當。

◆餐廳服務業經營特色

1. 品質管理困難：對硬體「量」的控制是做得到品質一致性，但若加入人員不確定性因素，會使品質穩定度降低。
2. 成本管理困難：中央廚房能夠徹底實施分量控制，在管理作業上食材成本控管可以執行得相當精確，但在變動性開銷（如兼職或計時員工薪資），在執行時程度困難。
3. 難以降低成本：獨立餐廳是個性化「人」提供勞務的商品；人工有生理上限制，為降低成本，採「自助式服務」漸成趨勢。
4. 商品難以標準化：大廚功夫個人化，每位手藝都不一樣，菜色標準化難度高。自助式餐廳規格標準化出現是要和主題餐廳個別化做區隔。

◆飲料業

飲料業有分熱飲與冷飲；台灣年平均溫度30～32度，夏季氣候長達8～9個月，有利於冷飲的販售。從冷飲連鎖加盟種類多樣化及家數的急速擴張，可以看出台灣飲料市場的蓬勃發展。

(二)旅館服務業

旅館分為都市飯店（city hotel）及休閒飯店（resort hotel）。在都市除了以餐飲為主的傳統飯店外，也有以住宿為主的商務旅館（business hotel）。都市周邊的郊區旅館（urban hotel）、社區旅館

（community hotel）、巷內旅館（petit hotel）和機場過境旅館（transit hotel）。

飯店行銷及客房銷售在建築物興建時就已完成了80%，「飯店之王」史塔特拉（Ellsworth M. Statler）大力主張飯店銷售的利器「地點、地點、地點」（location, location & location），地點就成爲最重要的條件且永遠不變。客房利潤常勝於餐飲獲利率爲獲利主力，客房銷售率提升是靠組合房價（如團體價格、特價優惠、打折優惠）行銷。爲了控制營業額，須致力調整量（占有率）或調整質（單價），因爲質與量兩者是有互斥性，所以必須愼重設定目標或變更目標。

飯店設定的價格包括公定價（牌價）、團體價和契約價，也設定特別促銷方案價格（如中秋方案、春節方案），改變客層結構最重要有效的要素是價格策略。航空公司採用「機加酒」模式優惠吸引自助旅遊者，的確是一大福音。

(三)教育服務業

世界貿易組織（World Trade Organization, WTO）規定教育市場完全對世界各國開放，歐美各國挾著競爭優勢隨時可進入我國開辦教育服務業，直接衝擊國內教育服務業。少子化造成國內生育率下降，就學人口逐年遞減，學生來源萎縮。面對未來困局，教育單位加強教學軟硬體設施與師資，不斷行銷打出招收外籍學生、全英語教學課程或提供高額獎學金等口號，提升學校知名度，希望能夠引起學子們的注意而選擇就讀。

(四)醫療整型服務業

國內人口老化速度超乎預期，長照醫療雨後春筍，政府對國民健康，投入大量心思，換來口碑，國人重視健康檢查及時尚愛美造就整型美容大行其道。

(五)廣告服務業

廣告業務從平面媒體、立體媒體、手遊媒體、電玩媒體、社群媒體，應有盡有。在廣告服務業的行銷中，廣告公司本身能發揮的功能歸納有三種：

1. 版面與時段的流通市場：這是自有廣告以來就有的功能，就是替報社代辦廣告業務。
2. 為廣告主服務：在行銷、創意、PR、調查等，廣告公司為廣告主服務並獲得報酬。
3. 傳播領域領導者：跨國廣告公司籌辦奧林匹克運動會、萬國博覽會等「傳播領域統合者」多功能統整角色。

(六)通訊服務業

通訊產業包含電信服務及通訊設備兩大產業：

1. 行動通訊：第四代（4G）行動通訊讓用戶能隨時（anytime）隨處（anywhere）收到想要的資訊。
2. 寬頻網路：4G寬頻上傳下載文字、圖像、檔案、語音速度156Kbps較3.5G更快，造就行動傳輸與電子商務爆發。

(七)金控服務業

金融控股公司（finance holding company）簡稱「金控」。銀行透過成立一控股公司以間接方式進行金融業跨業整合。金融控股公司不能直接從事金融業務，但可投資控股範圍的銀行業、票券業、信用卡業、信託業、保險業、證券業、期貨業、創投業、外國金融機構等。

(八)旅遊服務業

旅遊服務業是個人或公司行號，接受一個或一個以上的法人委

託，去從事旅遊銷售業務，以及提供相關服務。旅遊服務業在我國分為國民旅遊、國內旅遊與國際旅遊。以民國103年為例，出國旅遊1,184萬人較前一年成長7.2%，來台旅遊991萬人，較前一年成長23.5%；國民旅遊1億5,600萬人。

(九)電玩服務業

1958年美國科學家William Higinbotham製作了電動遊戲（雙人網球），開啟了電玩遊戲的先河。1990年代電子零件、設備大量被開發並用在電動遊戲上，在速度、功能、互動上充分滿足操作人員的需求。2000年後的3D動畫有如身歷其境，加上網際網路頻寬擴大，線上購物一觸即得，人手一機的行動裝置，創造出硬體、軟體產業鏈完備的新興電玩服務業。

(十)房仲服務業

房仲業自1979年發跡開始，從「掮客」負面形象，2002年「不動產經紀業管理條例」正式上路後，變成社會新鮮人爭相踏入的行業，至2015年7月止，全台共計6,270家房屋仲介門市，發展可謂一日千里。

回顧服務事業，涵蓋人類生活基本需求食、衣、住、行、育、樂領域，所有需求皆因人類移動而產生。古代滿足移動需求靠馱獸；近代工業革命滿足移動需求進入機器動力方式，飛機的發明更增加移動的頻率與速度；後現代滿足移動需求的方式靠網路，網路移動的速度越來越快，移動範圍越來越廣。

第二節　服務業特性

一、服務的定義

美國行銷學會（American Marketing Association）對服務之定義：是一種銷售利益或一種滿足，如交通運輸、房屋租賃；服務也是購買商品附帶的傳遞活動，如信用貸款、送貨。Zeithaml與Bitner將服務定義為：「服務是包含所有的經濟活動，其產出不是產品，通常在生產時就被消費，並為購買者提供無形的附加價值」。服務是一種技術、過程、感受而不是物品或一件事，服務以多種面貌反映出服務的最終結果——績效。服務是銷售導向過程中有價值的活動，它無法單獨存在，它只存在買賣流程中。「服務邏輯」（service logics）在談到服務時認為服務有三種內涵：

1.「要求干預」（request for intervention）：服務有針對性的。
2.「有權使用空間」（right to use a capacity）：服務時的空間是被占用的。
3.「績效」（performance）：服務要有結果。

服務產生的驅動有四種力量：

1.時間需求：人們願意用金錢換取時間。
2.科技進步：科技發達讓服務可以自行處理。
3.委外服務：分工原則使核心以外的外圍服務委外包給供應商處理。
4.對抗競爭：服務變成企業的競爭利器。

聯邦快遞（Federal Express）稱「服務就是消費者在購買產品過程中，所接受到的所有活動與回饋」。

二、製造業與服務業

「製造業」與「服務業」之間區分界線，如食品工廠是製造業，但是食品工廠製造的罐頭經過運輸至商店轉手賣給客人的過程就叫「服務」。食品罐頭是服務的一項「產品」，服務是產品的一個過程。製造業與服務業主要區分在：

1.有形與無形產出特性。
2.消費的產出。
3.工作內容特性。
4.顧客接觸的程度。
5.顧客參與程度。
6.績效衡量。

三、（產品＋服務）＝服務業

產品是滿足消費者需求和慾望的硬體或軟體財貨，本身價值已經固定，但產品要經過傳遞（人工、機器、網路）動作，加上交換（買賣），使原先靜態產品變成動態服務，不斷地重複同樣的動作，這種服務就形成一種產業雛形。當屬性相同，靜態與動態產品不斷地重複操作、建構出社會認同並遵循的行銷模式，一個新服務業誕生。

如房屋委託個人買賣叫捐客，捐客不斷地幫人賣房子，塑型出大眾遵循、社會認同、制度化售屋流程行銷模式，這種行銷模式就稱為「房仲服務業」。

「服務主導邏輯」（Service-Dominant Logic, S-D Logic）認為服務

業前提要以服務為核心，是一系列服務活動組成的服務機制，而服務機制有「可視性」（visibility）和「不可視性」（invisibility）特性。不管是「物品」或「服務」在服務尚未開始時可能是「可視性」，也可能是「不可視性」的，然而在過程是「不可視性」的，但在結果又變成「可視性」；如「細心」的服務，「細心」的過程是「不可視性」，因為看到員工將細心的結果經由「乾淨的」、「精巧的」、「整合的」過程加工，結果「乾淨的房間」、「精巧的產品」、「整合的考慮」用「可視性」展現出來，但「細心」仍是「不可視的」。

可視性有兩個特性：

1.可視性可以將服務「量化」：員工整理了好多間乾淨的房間，師傅做出許多種精巧的產品。
2.可視性可以呈現服務的結果。

美國在不可視無形服務花費，已經超過他們消費總支出的50%；可見不可視性服務重要性已經超過可視性物品了。

四、服務業特性

從行銷觀點看服務業的特性，Rathmell認為服務業有十三個特性，Lovelock認為服務業有七個特性，而最廣泛被認定與制式化應用的四個特性則是Zeithaml、Parasuraman、Berry三位學者於1985年發展出來的，現用航空公司的例子來說明服務業四個特性的內涵：

1.無形性（intangibility）：「缺少感覺得到或可觸碰得到的一種東西」。舒適安全的環境、寬敞潔淨的空間、人文高雅的氣氛、親切有禮的服務，這些感受都是無形的。
2.不可分離性（inseparability of production and consumption）：「同時具備生產與消費特性的一種東西」。航空公司生產座

位，旅客購買座位若不登機，航空公司的生產毫無意義。若飛機內沒有從事傳遞工作的服務人員進行活動服務，消費是無法完成的。因此，生產與消費是同時發生的。

3. 異質性（heterogeneity）：「一種與物質相比不能標準化產出的東西」。同樣的空、地勤服務，會因為服務人員的不同、服勤時間或地點的改變、天候的變化，以及飛機機種不一、修護人員的不同，使服務無法達成一致性。

4. 不可儲存性（perishability）：「相對於物品而言是一種不能夠儲存的東西」。航空公司從事客、貨運營運事業，所有無法銷售出去的剩餘機位、貨艙空間，飛機起飛即失去再利用（過期）的價值。也就是說，同一班機的服務，不可能儲存至下一班次使用。這也是為何航空公司在面臨淡季時，會以降價或旅客升等配套方式大力促銷機位，以增加營收。

五、服務業組成內涵

服務業組成到底有哪些內涵才會與製造業有所區別呢？服務業包含三個要素；核心產品、周邊服務、特定空間。

1. 核心產品：譬如說是旅館的一張床，銀行的核心產品可能是一套機器。

2. 周邊服務：支援核心產品的活動，例如旅館一張床經過服務人員整理的過程後，變成能販售產品；銀行機器加上熟練服務員工操作過程，就能滿足顧客提款、存款需求；一張座椅放在飛機客艙，經過服務人員系列活動，就可讓旅客乘坐進而對服務滿意。

3. 特定空間：就是旅館內、餐廳內、銀行內、客艙內。

六、服務接觸強弱度

誠如舞台表演一樣，服務作業系統包含演員（服務人員）與舞台（服務設備），是直接、有形服務，顧客對服務評價多建立在有形服務傳遞中的體驗及感受。而後場支援的間接、無形服務對顧客而言，相對不若直接服務重要，但後場支援出了差錯，也會直接影響前場績效表現。如顧客發現菜單菜色沒有供應，只因後場忘記採購；或者顧客對食物鮮度質疑，皆源於後場無法及時察覺食材新鮮度之故。

在服務作業系統中，顧客看得到的部分依接觸強弱度可分為三類：

1. 高接觸服務：高接觸服務需要顧客親身參與，像航空公司空中服務以及旅行社導遊。
2. 中接觸服務：中接觸服務顧客所需接觸的服務程度就較前者為少，如電話秘書。
3. 低接觸服務：低接觸服務顧客與業者的接觸大為減低，因為作業在後場完成，前場部分只需透過郵件或電子媒介即可。

七、服務設計

如果一種核心產品或服務設計（service design）不良，便會不斷故障，成本提高，維修困難，使服務人員和顧客同感困擾。服務設計是指服務在開始設計時，就要讓第一線員工有參與表達意見的機會，也要讓顧客在服務過程中扮演角色，同時提供彈性服務以科技來取代昂貴人工。

(一)服務設計哲學（service philosophy of design）

設計與顧客服務並無明顯關聯，消費者或顧客想到服務通常只

有「滿意與否」簡單答案,即在合理價格下是否能得到預期服務。但
這問題與服務員工行為有關,維修工程師如果不能在兩小時內把電腦
修妥,服務員如果在點菜後四十五分鐘還不能上菜,汽車技師如果不
能第一次就把汽車修好,百貨詢問台人員如果對各樓層商品位置不清
楚,全都會被挑剔專業不足。但是「產品設計」與「服務設計」,使
最能幹和最熱心員工都做不好顧客服務。正如品管大師戴明稱「設計
製造過程中瑕疵,不能怪罪員工,製程設計是管理階層的責任」。技
師修不好汽車,錯多半在欠缺實務經驗設計具美學但不易維修的產品
或服務系統。因此,具經驗的產品設計可使公司獲利,而不具經驗設
計也可能使公司付出代價。麥克唐納‧道格拉斯飛機公司(McDonnell
Douglas)(現已被波音飛機公司併購)當年設計的DC-10(1970年8
月首航),是為了要與波音B-747廣體飛機競爭(1969年首航)匆忙設
計出來。因貨艙門設計不良問題叢生,曾經使得一架DC-10墜毀巴黎
近郊,造成346人死亡慘劇。1979年5月20日一架美國航空公司DC-10
剛從芝加哥機場起飛二分鐘後因左引擎脫落墜毀,造成273人死亡。進
一步探究是一條支撐2,000磅重引擎支架出現10英尺的裂縫,此裂縫因
結構設計不便維修人員維修,偷工不修的結果釀成巨禍。市場是無情
的,接二連三出事的DC-10,使得麥道公司最終退出航空市場。

全錄(Xerox)在開始生產影印機後才擬定維修手冊,在產品推出
時才詢問維修人員的意見;相反的,日本「富士全錄」在開始產品設
計時就讓維修人員參與,最後設計了暢銷機種,就是因為維修服務方
便。

在設計新服務時,針對單項服務技術規範對服務顧客並沒有多大
意義,銀行規定存款業務要在三十秒內處理完畢達到98%準確率;但
是服務的「異質性」使櫃檯員工績效起伏不定,「不可分離性」的服
務設計是要業者跟顧客一起完成。因此設計一項新服務時,絕不能閉
門造車,必須到現場觀察、進行測試、修正補強。

(二)消費者導向的服務設計（service-oriented service design）

　　服務設計者設法設計出賞心悅目的服務產品以滿足顧客的期望，而且要力求產品優越，也應讓廠商容易製造，能快速商品化，且製造成本低廉。服務設計是服務概念醞釀與實現的過程，經由此一過程，將概念具體的轉化成真正符合顧客需要的服務性產品。說明產品、服務及製程設計，如何影響未來服務作業的績效目標，如**表2-7**。

表2-7　產品、服務及製程設計對作業績效目標的影響表

績效目標	良好的產品／服務設計的影響	良好的製程設計之影響
品質	能夠消除產品或服務「容易出錯」的潛在因素。	能夠調配適當資源，俾有助於產品或服務符合設計規格。
速度	產品可快速製成或服務，可避免不必要的時間耽誤。	製程的每一階段可快速移動物料、資訊以及顧客。
可靠性	藉由標準化的製程，使服務的每個階段皆可預測。	能夠提供可靠的技術人員。
彈性	能夠提供給顧客產品或服務多種選擇的空間。	能夠提供可快速轉換的資源以產製不同的產品與服務。
成本	能夠降低產品或服務中每個零件的成本和裝配成本。	能夠充分利用資源，進而提高製程效能，降低成本。

　　一家公司給顧客的第一印象，往往是該公司所提供的產品和服務，因此產品和服務的設計務必迎合顧客的需求與期望，顧客也期盼這些設計能夠經常更新，以反映時尚流行。產品上游概念設計以及下游操作設計之方便性，有著密切關聯，因此服務設計便需要充分考量下游使用方便與否。

(三)顧客觀點的服務設計（customer's point of view）

　　站在顧客立場，當顧客決定購買，不單只是購買某一產品或服務，而是購買一整組預期效益，以滿足心中期望。旅客購買一張機

票，預期的效益包含有形的：

  1.整潔客艙、座位及洗手間。
  2.現代化設計裝潢、另類空間感。
  3.種類繁多的書報雜誌。
  3.賞心悅目音樂、電影、電玩。
  4.精緻可口美食、飲料、酒類服務。
  5.價格優惠的免稅品。

除此之外，還要能夠提供無形的：

  1.美麗大方、面帶微笑的服務人員。
  2.無微不至的貼心服務。
  3.輕鬆自在的人際互動空間。
  4.悠閒安靜的乘坐環境。

以上是顧客整套服務預期，產品加傳遞的過程和顧客的參與互動便是服務，因此在設計產品服務時，必須對顧客所要買的預期，了然於胸。

第三章

服務行銷系統與雙極服務

- 服務行銷系統
- 雙極服務

第一節 服務行銷系統

一、服務行銷的機制

現代行銷就是服務者與顧客間是持續性互動的交易行銷,尤其是在雙方剛接觸的十五秒「關鍵時刻」(moment of truth)至為重要。這種接觸式服務行銷仰賴三種機制:

1.服務規劃機制:將各種要素投入服務流程的設計。
2.服務傳遞機制:將設計好的流程由中介者(人或設備)傳遞給顧客。
3.服務行銷機制:任何有形的看板廣告、無形的宣傳口碑。其目的又有三個層次:
   (1)開發顧客:提供產品,吸引顧客上門購買。
   (2)留住顧客:讓顧客對服務或產品滿意,再度光臨。
   (3)培養關係:在顧客心目中建立不可被取代的位置,達到對企業「品牌忠誠」。

(一)服務規劃機制 (service design mechanism)

Richard Norman從外部環境與內部適應兩方面,提出規劃機制,包含:(1)目標顧客;(2)整個服務流程如何設計;(3)服務傳遞如何規劃;(4)在服務傳遞中如何擴散企業文化;(5)在服務互動中如何強化組織等五項要素,現以餐廳為例說明如下:

1.鎖定目標市場:根據餐廳等級,鎖定目標消費族群。
2.服務流程設計:SOP的迎客、帶位、點餐、上餐、用餐、清桌、

結帳、送客。

3.服務傳遞規劃：顧客由誰帶位、由誰餐點服務、突發狀況如何
處理、清潔服務由誰負責、如何結帳、有無後續服務。

4.建立企業形象：顧客體驗服務後對服務表現觀感反射到對餐廳
的評價。

5.差異性組織文化：消費互動過程的歡愉氛圍，讓顧客感受員工
間良性互動的企業文化差異。

　　這五項要素不能單獨操作，需要環環相扣整體運作。其中1是外
部環境，2、3是內部適應，4是外部回饋，5是內部衍生，由於企業具
備核心的差異性組織文化，使它能及時反應外部環境作內部適應的調
整，建立顧客在心中良好的企業形象，詳細關係如**圖3-1**所示。

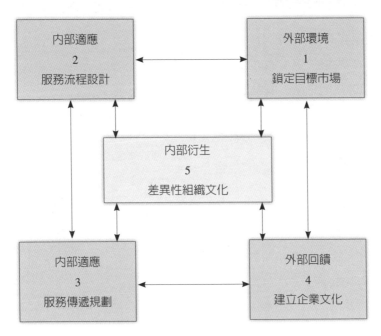

圖3-1　修正後服務管理系統圖

資料來源：Richard Norman (1991). *Service Management*, John Wiley & Sons, p. 83.

(二)服務傳遞機制（service delivery mechanism）

◆服務傳遞機制要素

「產品」是有形的間接生產介入了服務過程，藉由服務員直接傳遞給顧客，就產生服務。服務傳遞機制包含五要件：顧客（customer）、產品（goods）、人力資源（human resource）、空間（space）、網路（internet），如圖3-2所示。

由圖3-2中我們可以瞭解服務傳遞機制中的後勤作業流程，含有形生產作業與無形專業知識，服務傳遞流程有用網路、設備、人員方式直接傳遞。因「不可分離性」顧客也是服務系統要素之一，顧客參與服務傳遞分為「直接參與」與「間接參與」。

◆直接服務與間接服務（direct service and indirect service）

1.顧客直接參與部分：

(1)規格決定：顧客（網路）點餐內容。

(2)共同生產：餐點熟食度、何時上餐、何者先上。

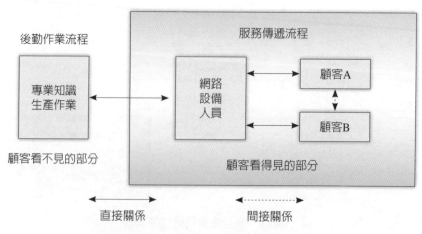

圖3-2　服務作業流程及服務傳遞流程圖

(3)品質管理：食材等級不對、數量短少、火候欠佳。

(4)職場習慣、精神維持：服務欠佳、熱情不足、互動冷漠、網路塞車。

2.顧客間接參與部分：

(1)服務發展：積極改進缺失，強化精進服務、提升網路頻寬。

(2)未來行銷：根據顧客回饋改進加強。

(三)服務行銷機制（service marketing mechanism）

廣告與銷售部門的溝通能力、電話客服與簡訊服務、帳單傳遞與隨機抽樣，各種口碑對於企業評價上是具直接影響力的。

◆服務行銷接觸（the contact of service marketing）

服務必須消費者親身經歷過才能真正體會，因此設備、場所、人員、產品要素中除了產品外，其他三要素間若不一致亦會削弱行銷績效。圖3-3為高接觸服務行銷系統，在不同組織裡，服務行銷範圍與結

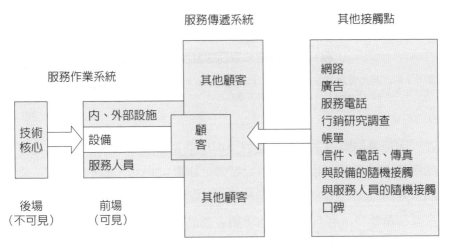

圖3-3 高度接觸服務的服務行銷系統圖

資料來源：周逸衡譯（1999），Christopher H. Lovelock著。《服務業行銷》（*Services Marketing*），頁62。台北：華泰。

構有很大不同。

　　圖**3-4**顯示處理低度接觸服務時行銷系統，顧客由外部觀察系統而非從內部透視系統。由圖中瞭解顧客服務的大部分作業在背後執行，只有傳遞和行銷有某種程度直接關聯性。如航空公司旅客服務的核心產品——安全運送旅客至目的地；另外加上附屬活動：訂位服務、票務服務、機場運務、貨運服務、餐勤服務、機務服務、航務服務、客艙服務、安全服務、會員服務、旅遊服務、購物服務、客訴服務。

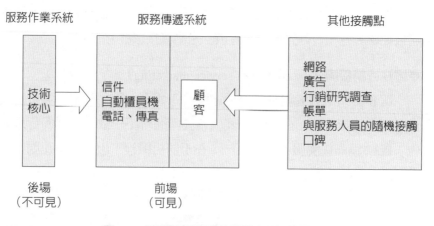

圖3-4　低度接觸服務的服務行銷系統圖

資料來源：周逸衡譯（1999），Christopher H. Lovelock著。《服務業行銷》（*Services Marketing*），頁62。台北：華泰。

　　服務業與製造業相同，當競爭增加或產業進入成熟期時，核心產品優勢通常顯現在附屬服務執行績效，如**圖3-5**所示。航空公司核心產品或輔助產品若綜效不佳，最後將被迫退出航空市場。同樣7-11關係企業種類繁多，在7-11門市給予顧客商品優惠券，可以在它的關係企業變現或兌換，對顧客來說，選擇增加，滿意度相對提高。

訂位服務	航務服務	網路服務
機場運務	過境服務	貨運服務
餐勤服務	客訴服務	機務服務
客艙服務	會員服務	安全服務

圖3-5　核心與輔助的服務要素圖：以航空公司為例

◆**服務行銷策略**（the strategies of service marketing）

外部環境因季節變化、消費者偏好，企業會採取不同行銷策略。服務行銷要將企業產品在規劃期限與範圍內，達到銷售的目的，有九項行銷策略：

1. 轉變行銷：負性需求策略——公司產品滯銷或口碑事件發生時，企業當立即改變策略將負面衝擊降到最低，試圖引導消費者正面思考。航空公司發生澎湖空難後，公司立即參加澎湖舉辦的促進旅遊活動，便是一個典型轉移消費者注意力的轉變行銷策略。

2. 刺激行銷：零度需求策略——市場對產品無感時，必須採取刺激性行銷，鼓勵消費者產生興趣。電扇各企業都有，需求度幾乎是零，但是企業若採取價格差異化行銷，或者折扣刺激買氣也許可以達到刺激行銷目的。

3. 發展行銷：潛在需求策略——產品尚未推出就造成市場轟動，這種未推出先轟動盛況，企業應把握這潛在機會。微軟公司推出視窗95時，試賣時造成瘋狂搶購，公司立即調派所有資源，全力推動產品上市就是典型的成功案例。

4. 復興行銷：暢銷產品策略——對突然供不應求的產品，企業應緊急調度企業資源滿足消費者需求。政府修法全國機車騎士必須配戴安全帽，突然之間，機車安全帽造成空前需求就是一種復興行銷。

5. 調和行銷：不規則需求策略——季節性變動造成供需失調，便需利用調和行銷策略。如城市內旅館因為平日商務客居多，每到假日住房需求下滑，於是採取假日折扣刺激買氣；相反地，風景區旅館，假日經常爆滿，但是平日門可羅雀與城市型旅館行銷手法相反，需大力促銷平日住房，便是調和行銷策略。

6. 維持行銷：飽和需求策略——許多日常用產品早已充斥市場，企業唯有有效執行日常工作，穩定通路，確保市占率。家用衛生紙可說是一種飽和型產品。新品牌源源不絕進入市場，老品牌面對市場飽和情況，不但要努力維持既有通路，還要開發新客源，保持領先地位。

7. 低行銷：產品過度負荷策略——產品或服務的最大產能還是無法滿足消費者需求所採取的策略。航空公司寒暑假或過年，即使增班仍無法滿足旅客出國的需求，航空公司便用階段性加價策略，「以量制價」阻止由於機位不足造成的旅客抱怨。

8. 飢餓行銷：飢餓搶食心理策略——人在飢餓時會想盡辦法獲得需求，服務行銷就是利用物以稀為貴的消費者心理操作飢餓行銷策略。商品網路口碑造成搶購熱潮，但業者卻反向操作，提供少數需求，造成預期心理加重，大家渴望早日獲得產品或服務。「限量發行、限量生產」，就是飢餓行銷模式。

9. 炫耀行銷：炫耀奢華心理策略——人們在程度上多少都存有炫耀的傾向，尤其是經濟條件充裕超越一般生活水平過多時，奢華享樂除了能帶來感官滿足、愉悅、放縱外，更能襯托品味、身分、地位，炫耀奢華心態更為強烈。沒有消費就沒有生產，

坊間豪宅、超跑、名牌等不管你排斥與否，顯示炫耀行銷的存在。

二、服務容量系統（service capacity system）

在服務業中，服務即是在提供現有設施、空間與人力之使用權（所有設施、空間與人力資源運用統稱服務容量），因為「不可儲存性」，時間一過服務商品就消逝，故業界常以服務系統最大容量作為服務資源規劃基礎。例如規劃1,000間客房之旅館容量，服務資源規劃有兩種方式（**表3-1**）：

1.服務速率為基準：如售票窗口、洗車場，服務方式類似輸送帶作業（洗車場是一台機器對一輛汽車，售票員同一時間提供一位顧客服務），可以服務速率作為資源規劃基礎。

2.服務容量為基準：如旅館、醫院、航空公司，主要提供空間服務，淡旺季需求不一致卻整批同時服務，常以單位時間最大服務容量（多少病床、多少餐桌、多少機位）作為資源規劃。

表3-1　服務速率與服務容量比較表

服務速率為基準	服務容量為基準
車站窗口賣票數／每分鐘	提供1,000立方公尺倉儲空間
自動提款機提款數／每分鐘	提供1,000個房間／每間旅館
洗車數／每小時	提供1,000個機位／每架飛機

(一)服務容量決定因素

服務容量是各項資源加總的參數，也受到服務員工數、時段、顧客人數、顧客水準等影響。服務容量包含：(1)最大服務容量（業者能夠提供最大服務量，服務品質會受到影響）；(2)最佳服務容量（服務

量與顧客量最佳組合,服務品質不會受到影響)。實務上,由於來客時間不定,可能發生服務容量閒置或顧客久候情況。如何消除閒置容量?可用促銷降價增加供給策略因應。如何消除顧客等候?可用差別價位調整尖峰、離峰容量,降低顧客等候時間。

如何將服務抽象概念量化是一個必要手段,因為服務資源是無形的,如醫師醫術、大廚手藝、教師經驗等,亦因服務業提供的服務容量差異大,**表3-2**顯示旅館、醫院、餐廳、銀行服務容量決定因素。

表3-2　服務容量決定因素表

	設施 (時間、空間)	人員 (時間、技術)	設備 (時間、技術)	物品 (媒介)
旅館	房間、游泳池、健身房	服務員、櫃檯員、清潔員	洗衣機、洗地機	清潔用品、日用物品
醫院	病床、診療間、急診室	醫師、護士、技術人員	X光機、救護車、檢驗設備	藥品、清潔用品
餐廳	餐桌、包廂	服務人員、櫃檯員、廚師	煮飯機、炊飯用品	肉類、乾貨、蔬菜、水果
銀行	分行、保險箱	服務人員、操作員、分析師	影印機、自動櫃員機、電腦	錢、紙張

(二)服務容量計算模式

服務容量計算可分為三個階段,當業界要興辦服務業時會向市場購買設備、人員、物品等服務要件。各項要件之間組合產生服務容量不盡相同,如人員提供時間及技術容量,設施提供時間與空間容量,最後再由時間、技術、空間與媒介共同決定服務容量如**圖3-6**所示。

1.人員:服務業人力提供服務,人員多寡對服務容量大小具決定性影響。人員有專職、兼職、計時等;人員具有高度彈性,人員可經領導、激勵發揮質的功能,人員主要提供時間和技術。

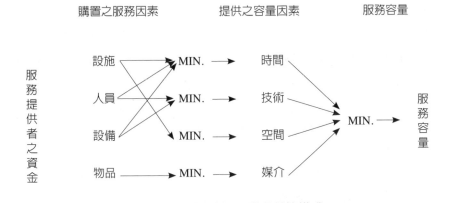

圖3-6　　服務容量三階段計算模式

資料來源：顧志遠（1998）。《服務業系統設計與作業管理》，頁181。台北：華源。

2.場所與設施：地點空間大小、設施多寡、動線布置、流程規劃，都會影響顧客容量。設施興建要較長時間，且彈性很低。自動化科技壓縮時間、提高空間使用率，大大提高了服務容量供應，調節彈性也大。設備取得管道多元，如租借、購買、租賃，設施提供時間和空間。

3.物品：服務用品在服務過程中扮演著媒介角色，若缺貨會影響服務。如醫院藥品供應不足必會造成病人不便。物品是唯一不受任何限制的項目，因可大量製造所以沒有互斥作用。

三、客服中心（call center）

(一)基本服務

　　服務性企業競爭白熱化，管理階層莫不挖空心思節流，將企業核心服務項目之外的周邊服務外包給供應鏈廠商，「客服中心」就是一個非常普遍的例子，地位越顯重要。客服中心可以提供顧客產品訊息，同時提升客戶關係增進顧客滿意，拓展市場占有率。客服也從

單純的語音留言、傳真服務、電子郵件、語音電子郵件、線上文字對談、網路同步瀏覽，提升到all-in-one網路視訊。客服中心的功能有兩種：來電（inbound）服務與去電（outbound）服務；若再細分又可分成四種：

1. 進線服務（inbound service）：接受顧客抱怨、諮詢或查詢，是客服最主要的業務。
2. 外撥服務（outbound service）：問卷調查，瞭解顧客購買的相關資訊與滿意度。
3. 進線銷售（inbound sales）：訂購專線，直接線上訂購，如電視訂購。
4. 外撥銷售（outbound sales）：電話行銷（telemarketing），主動找顧客。

(二)電話語音整合系統

又稱「整合式客服中心」（integrated call center solution），具備的功能如下：

1. 顧客接觸管理系機制（customer contact management mechanism）：機制快速從顧客來電找出資料與顯示回應話術，讓客服從容應對客戶，並隨時提醒客服何時回電客戶。
2. 互動語音裝置（interactive voice response units）：語音機制主動辨識客戶身分無誤後導引客戶進入客服等待區。
3. 傳真郵件整合服務（integrated fax and e-mail service）：語音系統自動與顧客互動，並自動傳真或電子郵件提供客戶所需資料。
4. 自動撥號裝置（automated dialing units）：經客服人員音控，系統自動撥號給客戶。

5.流程管理機制（workflow management setting）：來電進入語音答錄機制，一切流程標準化，不但互動品質提高，單一時間服務客戶數量也增大。

(三)電話行銷成功關鍵

電話行銷成功關鍵有十：

1.臉皮要厚。

2.音調的高低，可讓顧客感受服務的親切。

3.專業知識的強化，能得到顧客的信任。

4.激起顧客願意互動的興趣。

5.始終保持音調和緩。

6.掌握顧客需求所在。

7.職業抗壓性強。

8.隨機應變能力強。

9.鍥而不捨。

10.對自己要有信心。

(四)電話行銷失敗的原因

電話行銷失敗的原因有十：

1.顧客不耐久候。

2.客服高層出面問題仍無解。

3.客服明知顧客有理，還要辯駁，無疑火上加油。

4.客服利用「資訊不對稱」，選擇性提供對己有利訊息欺瞞顧客。

5.客服只想安撫客戶，避重就輕，不面對問題。

6.顧客無法得到滿意補償。

7.藉口電話不是我接的,拖延戰術。

8.拿出「公司規定」要求顧客「服從」。

9.客服姿態高,暗示「愛要不要」。

10.答應回電卻音訊全無。

四、服務行銷障礙（barriers in service marketing）

服務行銷的想像與創新甚於產品行銷,但是服務業者在行銷上並未發揮多少創意,過去表現良好的服務業者,也未能善加利用機會。服務行銷不彰,大致可歸納為四個原因:有限行銷視野、缺乏強有力的競爭、缺乏管理概念、沒有過期的問題,現分述如下:

(一)有限行銷視野

許多企業將行銷作為主要的營收管道,但牽涉行銷的人口消長、教育程度、社會變遷等問題並未給予關注。

(二)缺乏強有力的競爭

行銷缺乏創新,主要是缺少競爭。例如鐵、公路服務屬與寡占競爭者少,不太可能在行銷上推陳出新。

(三)缺乏管理概念

服務業管理不同於產品管理,製造業管理者不但對服務業如何管理陌生且缺乏創意。業者還是堅持著既有產品管理模式,無法調整心態到「顧客導向」。

(四)沒有過期的問題

服務因「不可儲存性」,看不見像有形商品一樣有過期問題,這特性導致業者怠惰行銷求新求變,使整個舊服務被新服務取代。例如

老舊電影院被多元化電影院取代。

第二節　雙極服務

一、服務諜對諜

　　顧客對服務體驗結果有正面評價與負面評價，正面評價我們稱為「成功服務」，但若產生負面評價我們稱為「失敗服務」。

　　服務過程進行時，人的「異質性」受到時空限制，容易做出偏袒自己的「有限理性」（就是自私啦！）行為。服務者與消費者互動時，雙方均會用「資訊不對稱」（information asymmetry）（賣方用外行不懂的專業知識做藉口；買方用事先未告知做理由；業者將過期產品更改標籤販賣，消費者弄壞產品卻怪罪是業者賣出壞的產品），採取欺瞞對方手段使交易成本增加（雙方爭辯會耽誤時間），此謂「投機主義」（opportunism）（雙方都想得逞）。這種諜對諜服務互動充滿「不確定性」（uncertainty），稍有不慎就會發生衝突。「有限理性」行為是「交易成本理論」中的缺點，浪費雙方時間、精神、金錢、形象。

　　基於「有限理性」的主客觀限制下，服務不可能每次都讓顧客happy，在「顧客永遠是對的」（真的嗎？）心理壓力下會產生矛盾情結；這種不安定潛在因子可能會讓服務人員做出企業規範外的「投機行為」（反正老闆不在，四道程序縮為三道，或老闆就是我，材料少放一點，冰塊多放一點，能省一點就是賺），造成品質問題，長此以往，後遺症非同小可。所以有效率地管理資源與技術是關鍵，此外，服務人員的意願、技術與能力也非常重要。

二、成功服務二階段論

成功服務是雙方都樂意見到的，服務者贏得榮譽與信心，更可為公司獲利；消費者感受到尊重物超所值的服務。達到此雙贏境界中間，尚有一些要細分「顯性成功」（explicit success）與「隱性成功」（tacit success），如圖3-7所示。

(一)顯性成功

一次「成功服務」是員工個人知識、技術展現在服務上的成功，稱為「顯性成功」。一次個人的「顯性成功」服務並不代表企業是成功的，有時候成功服務含有運氣在內，如顧客趕時間即使是服務縮水也不太挑剔。

(二)隱性成功

服務成功了九十九次，但只要做失敗一次，就可能會被顧客抱怨。Skinner（史金納）在《有關行為主義》（*About Behaviorism*）一書中提到「增強理論」（reinforcement theory），正增強效應的出現

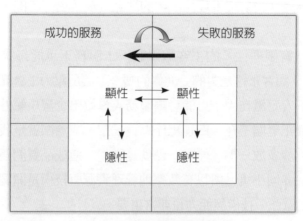

圖3-7　雙極服務模型圖

是要有刺激或激勵環境。行為因環境而出現，個人的好行為之所以要不斷出現，是基於Thorndike（桑代克）實驗貓智商時發現的「效果法則」（law of effect），指特定刺激可引發特殊行為；企業若採犒賞方式鼓勵，員工出現企業需要的行為機率較大，若沒有得到犒賞，則重複出現該行為可能性下滑，也稱「操作制約原則」（principles of operant conditioning）。

基於此，一次「顯性成功」服務可以被激勵並擴散出N次成功服務，當N次服務成功的口碑匯集到消費者心中，形成品牌忠誠，N次「外顯」的成功服務經驗沉澱「內化」到組織內，成企業「內隱」競爭力。我們認定某企業服務就是比別家好，即使你沒體驗過這家的服務，你還是要到這家去排隊購買，原因就是這家企業N次「顯性成功」服務已經與企業結為一體「內化」成功，量變（N次服務經驗）會產生質變（企業競爭力）達到「隱性成功」的境界了。病人指定醫師看病、消費者指定髮型師服務、出國非哪家航空公司不搭、電器指定特定品牌等，這些都是企業隱性成功典範。

三、失敗服務二階段論

「失敗服務」（service failure）不但使服務人員顏面無光，更可能為公司帶來信譽和利潤損失，以及負面口碑。失敗服務也有「顯性失敗」（explicit failure）與「隱性失敗」（tacit failure）。

(一)顯性失敗

Slywotzky在《價值變遷》（*Value Migration*）書中提到顧客喜好與競爭正劇烈改變中，今日致勝策略可能造成明日慘敗。資料顯示幾乎每五件服務會有一件服務遭到顧客抱怨。這種失敗服務若只出現一次稱「顯性失敗」。顧客已從吃虧教訓中學到經驗，他們越來越精明，只要上過一次當，不是抱怨就是從此不再上門消費；企業不願

意面對失敗服務的主因是老大心態與鴕鳥行為。美國運通（American Express）在1980年代業績如日中天，漸漸由於威士（Visa）卡優異服務，使得美國運通卡顧客大量流失。當顧客對服務抱怨就是失敗服務，隱性失敗是可以彌補的，只要努力認真，消除暫時失敗，情況就可能好轉。

(二)隱性失敗

企業服務不斷出現失誤或錯誤時，負面口碑廣為流傳，「顯性失敗」有可能會轉成「隱性失敗」。根據統計一個顧客抱怨會擴散給22個周遭人士，這種牽一髮而動全身的「漣漪效果」（ripple effect）會造成企業毫無招架力的「隱性失敗」。

1964年被《財富》（Fortune）雜誌讚揚數十年被視為全球管理績效最優、顛峰期占全美零售業2%額度經營者Sears雖在1992年大力重整，仍然無情的被消費者唾棄遭到淘汰。Peters和Waterman在《追求卓越》（In Search of Excellence）一書提到二十年後仍舊「卓越」的企業比例僅剩20%。由此可見企業淘汰率之高與「隱性失敗」對企業的致命殺傷力。

四、知識螺旋（spiral of knowledge）

(一)知識成形過程

家喻戶曉的「麵包製造機」是日本餐飲業主管野中郁子當初想讓旅館餐廳提供旅客新鮮麵包的構想研製出來的，這種創新產品要如何構思？如何設計？如何製造？她運用尚未被開發存在內心深處，影響我們對周遭事物觀念、態度、行為，難以言喻的心智模式（mental model）及經驗稱為「Ba」（結）。野中郁次郎把許多「結」串在一起稱「隱喻」（metaphor），經過合理化將模糊的「結」變成易懂的

系統化「類推」（analogy）觀念，再將「類推」觀念製出「模型」
（prototype）產品的過程。也就是將「結」經過「社會化」、「外
化」、「組合」、「內化」階段成為新知識。

　　野中郁次郎將「結」抽象想法用「隱喻」包裝說出來，讓大家
有了初步印象，這是知識「社會化」生根階段開始；但單靠隱喻仍不
成氣候，還需要加工至類推，知識在工作單位內互相分享「外化」發
展階段；「外化」知識繼續向組織平行單位「組合」成系統化、結
構化茁壯階段；最後一步將「結合」系統知識凝聚成「內化」的「模
型」，也就是具競爭力「模型」完成階段。

　　新知識從「隱喻」、「類推」、「模型」三個層次，搭配「社會
化」、「外化」、「結合」、「內化」四個階段，慢慢形成企業競爭
力：

　　1.用「隱喻」的「結」連接不相關事情和觀念。
　　2.用「隱喻」轉換成「類推」合理化。
　　3.用「類推」將「隱喻」結構化。
　　4.將結構化內化成「模型」。

(二)知識成形階段

　　新經濟服務業蓬勃發展，企業都在尋找競爭力，都想創造新知
識蓄積企業能量，擴大企業規模，創造企業利潤。日本豐田汽車員工
在工作時發現物流無法配合裝配線流程進度，便將解決問題的構想用
「隱喻」說出來，此「社會化」新觀念開始在小單位生根擴散「外
化」，平行單位慢慢也將觀念「結合」成單位知識，當全公司將知識
「內化」成一體時，「即時管理」（just in time）新技術發明了。企業
知識形成階段如下（圖3-8）：

　　1.內隱至內隱——社會化（socialization）：知識分享階段。

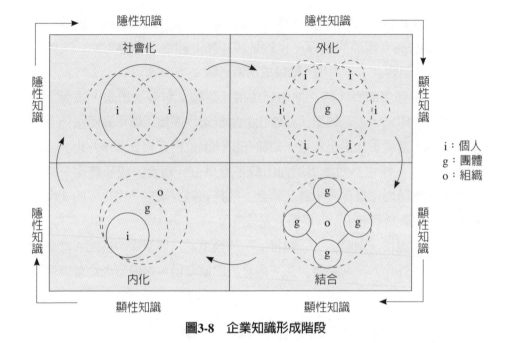

圖3-8　企業知識形成階段

2.內隱至外顯——外化（externalization）：知識擴散階段。

3.外顯至外隱——結合（combination）：擴大共識階段。

4.外顯至內隱——內化（internalization）：轉成企業競爭力階段。

　　IBM在1980年間締造了空前的成功，但是狂妄傲慢的服務策略，使顧客離他而去，Digital趁勢而起使得IBM於1993年出現大量虧損，而不得不虛心地向以往瞧不起的企業學習，經服務改善，1995年IBM利潤又開始上升。IBM因為長期背離顧客，種下企業衰敗種子。許多產品得力於良好口碑的「雪球效應」，Apple的iPhone就是雪球效應的獲利者。服務個人或企業要努力增加顯性成功的次數，達到隱性成功的境界。同樣地，也要減少顯性失敗次數，以免顯性失敗次數水平擴散到一定數目時，就會變成企業內化的隱性失敗。

五、雙極服務模型

(一)失敗輪迴與成功輪迴

　　Dudovskiy提及服務業「失敗輪迴」（cycles of failure）時，認為低薪資造成員工流動率與員工士氣低落，工作設計與工作場所的無效率，領導或負責人因誤判員工招募容易，只求短利讓員工過勞，顧客滿意會大幅降低，且員工絲毫不會感激企業。一個受肯定的成功品牌，是長時間努力耕耘而來，但也有可能一夕之間化為烏有。「康師傅」配合政府「鮭魚返鄉計畫」從大陸回台創辦事業不過幾年，為了一件「餿水油」事件，企業一夕之間瓦解被迫退出台灣市場，就是一個最好從「隱性成功」跌入「隱性失敗」的案例。

(二)失敗為成功之母

　　麥可・貝區（Michael D. Basch）在《贏在客服》（*Customer Culture*）一書中提到：「從失敗中學習，失敗是運作良好系統的回饋；更重要的是企業從失敗中獲得可能成功的寶貴經驗。」「隱性失敗」企業服務品質惡化，管理績效不彰，長期收入減少。失敗原因多起於員工技術偏低、超時工作、待遇偏低、激勵不足、兼職率高、高流動率。沒有策略能將「隱性失敗」企業短時間脫胎換骨，若要脫離「隱性失敗」夢魘，專家建議招募異質背景、同質服務理念的員工，及早塑型員工服務模式，擴大授權範圍，增加員工成本效益觀念，監督考核，專注總體成本觀念。

　　此時組織需重建個人知識「社會化」分享，先將「隱性失敗」降低失敗比例成「顯性失敗」階段；繼而將知識擴大成「外化」單位學習階段，漸漸地可能會出現「顯性成功」服務的案例，隨著知識「結合」，「顯性成功」的案例不斷增加，最後知識「內化」成企業競爭

力，「顯性成功」出現的量變成功轉變成企業成功質變，企業最後又進入「隱性成功」的藍海境界。1998年的「東龍五金」因公司淘空虧損股票瞬間成為壁紙，但經過重整旗鼓，現在已是一家「隱性成功」的企業。詹姆‧柯林斯（Jim Collins）在《為什麼A⁺巨人也會倒下》（*How the Mighty Fall*）一書中提到成功企業失敗的五個過程：

1.成功後傲慢自滿。
2.不知節制盲目擴張。
3.輕忽風險。
4.不知對症下藥。
5.放棄逆境中奮鬥走向衰退敗亡。

在**圖3-9**的雙極服務互動模型中，方格2之個人「社會化」的「顯性成功」經「外化」知識分享，再經「結合」成組織共識，「內化」組織知識成「模型」的組織競爭力，將企業推至方格1「隱性成功」境界。

(三)成功輪迴

Dudovskiy亦提及服務業「成功輪迴」（cycles of success），方格4「隱性失敗」的企業想反敗為勝，需將組織文化、員工激勵、資訊分享、充分授權、服務導向等的人力資源課題融入日常管理流程中，增加「顯性成功」的次數，使企業能夠轉危為安，當「顯性成功」的量變會將企業從「隱性失敗」至「顯性失敗」的情況慢慢進入「顯性成功」環境；此時組織內知識從「外化」進入組織橫向整合持續不斷的累積「顯性成功」數量，經口碑效果，企業有可能進入「隱性成功」最終區域。

全球知名運動品牌Nike面對外界一連串「濫用童工」、「剝削勞工」和「惡劣工作環境」，股價大跌、負面新聞層出不窮，「隱性

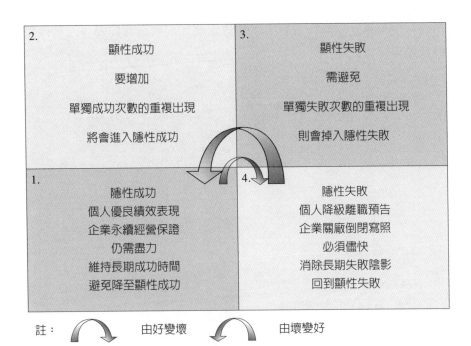

2.	3.
顯性成功 要增加 單獨成功次數的重複出現 將會進入隱性成功	顯性失敗 需避免 單獨失敗次數的重複出現 則會掉入隱性失敗
1. 隱性成功 個人優良績效表現 企業永續經營保證 仍需盡力 維持長期成功時間 避免降至顯性成功	4. 隱性失敗 個人降級離職預告 企業關廠倒閉寫照 必須儘快 消除長期失敗陰影 回到顯性失敗

註：　　　　　由好變壞　　　　　由壞變好

圖3-9　雙極服務互動模型

資料來源：張健豪（2003）。〈服務性企業盛衰現象之研究——從消費者觀點〉。
《產業論壇》，15(2)，151-168。

失敗」陰影揮之不去，公司痛定思痛主動成立「內化、外化」知識學習、內部共識系統，透過關係行銷，重新站上「顯性成功」全球運動品牌霸主，正是化危機為轉機的例證。

　　相反地，「顯性成功」企業若持續努力，「成功輪迴」告訴我們遲早會進入「隱性成功」地步。陶氏化學公司（Dow Chemical）前董事長兼執行長法蘭克‧波波夫（Frank Popoff）曾說：「成功會孕育出保守主義，一旦安於現狀，腦袋就無法接受外界變化。」在詭譎多變的商業戰場，過去成功不代表現在成功，現在失敗也不代表未來失敗，曾經超越顛峰轉眼灰飛煙滅，過去一敗塗地最後中興再造。

　　「企業有如逆水行舟，不進則退」。知識螺旋用於企業輪迴，

「沒有不景氣，只有不爭氣」，機會永遠存在，端看你要「先甘後苦還是先苦後甘」。

第四章

服務者與消費者互動

- 服務空間與互動
- 消費者互動

第一節　服務空間與互動

一、前言

服務過程知覺服務性企業在產品功能競爭上差異越來越小，服務成為競爭的決勝關鍵。顧客滿意比重由有形商品轉向無形服務體驗。因為服務有「無形性」、「異質性」、「不可儲存性」、「不可分離性」四個難以掌控特性，從顧客接觸服務尚未開始前，經過中間過程活動，到服務結束、顧客回饋服務的過程，每一個與顧客接觸環節，都是顧客重視焦點；有如控制食物安全環節HACCP每一環節一樣，企業若對任何一個環節疏忽，便產生服務品質問題，造成「服務失敗」。

服務既然是一系列的過程，四個特性又或多或少出現在服務流程中；顧客對購買服務前之「醞釀期」，經服務中的「互動流程」，到服務完畢後的「知覺回饋」一連串活動，內涵到底為何？何種連貫性、互動性機制產生何種結果現象？據作者認知，一件服務結構應包括服務前的「前端醞釀期」，服務進行中的「服務互動期」和服務結束後的「體驗回饋期」三個階段，現在分別詳述如後。

二、交易前之「前端醞釀期」

(一)服務要有業種的屬性

當消費者有所需求時，一定要對某一種特定業種關注；譬如要用餐就對餐廳特別注意，要旅遊就對旅館關心，要外地出差就對高鐵或

客運先瞭解。餐廳、旅館、高鐵、客運就是業種的屬性。

(二)服務要有空間的環境

二次大戰後，當美國民航客機跨洲滿天飛的時候，台灣才剛剛有經營國內航線的航空公司，旅客要去美國留學，必須坐船前往，台灣當時沒有發展國際民航服務的空間。當台灣行動網路已經到達4G的地步，非洲普遍國家的手機通訊才該開始發展，非洲國家目前還沒有快速下載大量資訊的網路服務空間。當非洲狩獵成為富商休閒刺激的服務業時，亞洲普遍沒有狩獵服務業的空間。

(三)服務要有時間的過程

提供服務是一系列過程，過程需要時間累積。旅客住進旅館消費、進入餐廳用餐、消費者看場電影、老闆打場高球等，時間過程是必要因素。

(四)服務要有觀念的聚集

服務觀念從古代服從的觀念轉變而來，必須要有普遍的依循，觀念才能沉澱發酵。共產主義國家對於服務觀念與資本主義國家服務觀念解讀不同，從台灣引進服務觀念，必須經過一段時間擴散與國民共同遵循，才能在社會生根立基。

(五)服務要有經驗的累積

任何產品加上傳遞活動都可以稱得上是服務，差就差在結果好壞之分。好的服務是經過一而再、再而三不斷的修正過程；在服務只有下限沒有上限的情況下，好服務是要靠經驗長期累積出來的。

(六)服務要有需求的期待

消費者或服務者雙方若對服務沒有需求的預先期待，服務就沒

有聚焦,效果一定不好。顧客要有事先對服務美好的期待,希望能夠得到至少名符其實的服務;服務人員、老闆也都希望經由高品質的服務,使顧客滿意。

三、交易中之「服務互動期」

(一)服務要有人際的接觸

在服務最重要的操作過程,人際接觸是第一步,有人際接觸才能發生接下來的互動交流。

(二)服務要有物質的傳遞

物質是服務互動中的重要媒介,顧客出現在現場就是爲了獲得期待的物質。

(三)服務要有精神的交流

人是感情的動物,業者與消費者在消費過程中,包括眼神、對話、肢體語言等動作反映到互動雙方,可以預期下一步服務的結果。

四、交易後之「體驗回饋期」

(一)服務要有精神的回饋

服務結束後,雙方精神上會感受對此次服務舒適與不舒適反應。業者得到消費者對服務的肯定,這種精神鼓勵是業者再接再厲的支柱;消費者得到預期或超越的服務,精神也得到歡愉滿足。至於非營利組織的服務,則是強調社會關懷、人道救援、人際互助,實現利他精神,這種回饋是無價的。

(二)服務要有物質的滿足

賣方從服務中換取報酬，達到物質滿足目的。買方從購買商品中獲得物質享受，賣方得到金錢回饋，買賣雙方各取所需。

(三)服務要有回饋的效應

使用者在使用服務後，會將對使用觀感傳播給他人，不管體驗結果是正面還是負面，都會有擴散效應。這些正反評價，對消費者和業者都有不同的意義，茲分述如下：

◆從消費者角度

1. 對業者的正面回饋：消費者對業者服務技巧、技術創新、人性關懷產生深刻印象，可能會將感受擴散出去，這也是業者希望消費者推薦的目的。
2. 對業者的負面回饋：消費者對業者服務不滿，除了從此拒絕再購之外，尚可能將不愉快體驗，傳播給所有接觸的個人或團體。這種對企業殺傷力大，打擊企業形象的負面口碑是企業須極力避免的事。

◆從業者角度

1. 對消費者的正面回饋：業者提供服務後，也會對消費者產生看法，表達企業對消費者總體評價。若此評價結果為正面的，則往後雙方的互動會朝良性方向發展；業者希望消費者變成「品牌忠誠」的企業常客。
2. 對消費者的負面回饋：業者提供服務後，若對消費者產生負面評價，經持平檢討認為錯不在自己，當此種情況接二連三發生，業者可能調整、限制或改變對特定個人、團體提供服務方

式。這也是服務業者明確告知消費者，在某些情況下保有「拒絕提供服務的權利」，希望雙方不愉快的服務體驗到此為止。但是實務上，企業經營就是要獲利，基本上沒有拒絕顧客消費的權利；即使對奧客採消極服務方式，社群網站發達的今天也可能遭致「業者傲慢」的負面口碑，得不償失。因此企業多採「順從原則」，即「顧客永遠是對的」，背後即有降低經營風險意味，但是私底下仍會保有自己的看法。

(四)服務要有趨良的現象

服務業求新求變為求生存發展。「消費者用有限的花費，往往要無限的需求」。為了擊敗對手，業者無不挖空心思提供超越同業的服務，企圖博得消費者青睞，業界競爭會產生好還要更好的趨良效應會表現在：

1. 更安全的服務。
2. 更耐用的服務。
3. 更廉價的服務。
4. 更信賴的服務。
5. 更環保的服務。
6. 更多樣的服務。
7. 更新穎的服務。
8. 更快捷的服務。
9. 更簡便的服務。
10. 更人性的服務。

發卡銀行原先都收持卡人年費，當某家率先推出免年費措施，銀行避免客戶流失均從善如流。這種趨良現象演變至今若出現收年費的發卡銀行反倒成為同業中的另類：「顧客若不挑剔，企業就不爭

氣」。綜合以上服務前的「前端醞釀期」、服務中的「互動過程期」和結束後的「體驗回饋期」三個階段所述服務的完整組成結構內涵，現以「服務過程內涵模型」圖示之（**圖4-1**）。

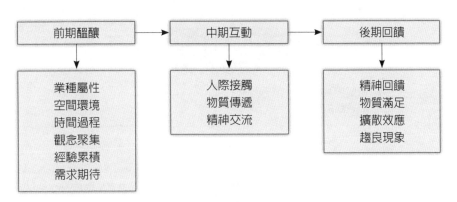

前期醞釀 → 中期互動 → 後期回饋

業種屬性
空間環境
時間過程
觀念聚集
經驗累積
需求期待

人際接觸
物質傳遞
精神交流

精神回饋
物質滿足
擴散效應
趨良現象

圖4-1　服務過程內涵模型

五、顧客的期望

服務品質的好壞是由顧客的事前期望與實際體驗的差距而成，Ojasalo（1999）聚焦研究服務領域認為「期望之動態性」（dynamics of expectations）可以適合任何服務類型（**圖4-2**）。期望的類型可以分成三種：模糊期望（fuzzy expectation）、外顯期望（explicit expectation）、內隱期望（implicit expectation）。

(一)模糊期望

顧客預期員工會解決問題，但卻無法清楚知道要解決什麼，便產生模糊期望。顧客並非專家，但知道某些東西是他們需要的，卻無法充分表達現場該做什麼，但這種模糊期望極為真實。若期望落空，顧客會感到失望，但仍無法說出不滿在哪裡，因為不滿也是模糊的。

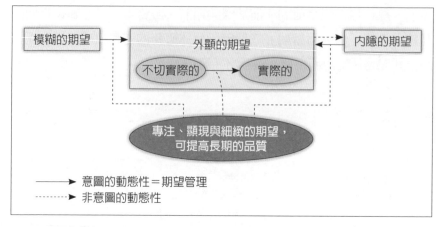

圖4-2　期望的動態模式

資料來源：Ojasalo, J. (1999). Quality Dynamics in Professional Services. Helsinki Hanken Swedish School of Economics Finland/CERS, p. 97, Reproduction by Permission.

　　解決之道：服務人員應將模糊期望具體外顯出來，經過傳遞過程讓顧客滿意，如此會令顧客印象深刻。情侶期望餐廳用餐能夠提供美好時光，但卻說不清楚美好時光的內含；如果餐廳能夠將模糊的美好時光具體的項目列出來告知情侶，顧客一定會久久難忘。

(二)外顯期望

　　顧客一看就非常明白服務的結果會如何，稱為「外顯期望」。外顯期望又分為「實際期望」與「不實際期望」。如理財專家能有效管理顧客基金讓基金增值，但最後可能事與願違，投資失利造成損失。

　　解決之道：外顯期望告訴顧客期望的正負兩面，如能在傳遞服務開始時充分告知顧客較能滿意。業者承諾越模糊，顧客不切實際的外顯期望會越高，相對風險也越高。

(三)內隱期望

　　服務期望對顧客而言是顯而易見的，顧客視為理所當然之事。因此業者可能忽略提及服務中這類內隱期望。只要內隱期望獲得滿足，顧客通常不會特別關心它；但當顧客的內隱期望落空，抱怨立即產生。

　　解決之道：內隱期望外顯化是較為保險的做法。有經驗的顧客會分辨期望的種類，且會儘量將模糊與內隱期望外顯化，降低雙方可能的誤會。同樣的若外顯期望成為當然，就會轉成內隱期望。我們常說「一切盡在不言中」或是「照老規矩」，這些「你知我知」的默契，就成為顧客外顯期望的部分了。

 # 第二節　消費者互動

一、前言

　　服務是由有形實物與無形服務加上過程組合而成的綜合體。以賣車為例，車商賣車給顧客時，引導顧客進入寬敞的展示間，遞上咖啡並做簡報各型車款功能，優惠折價及附上贈品。Kim等人（2010）認為服務人員與消費者互動對營造良好服務績效有所貢獻。服務過程要有服務者和消費者直接或間接介入，才能構成完美服務結構。在服務流程中，提供服務與接受服務雙方對於服務都有不同的體驗，第一層是感覺，第二層是知覺，第三層是認知，認知的結果就會形成態度，態度的外顯方式就是行為的表現。現將雙方對服務過程體驗的感受層次詳述如後。

二、感覺、知覺與認知

(一)感覺的本質（feeling）

1.感覺是以生理為基礎，感覺差異性小。
2.感覺較少涉及「選擇」。
3.感覺較受遺傳、年齡影響。
4.感覺只是此時此刻的生理感受。

(二)知覺的本質（perception）

感覺是生理器官的功能，器官功能在接收外部刺激時有四個步驟：

1.暴露。
2.注意。
3.解釋。
4.記憶。

記憶後再傳達到大腦轉換成心理反應叫做知覺。也就是說，知覺是一種程序，經由此程序，將感官接收的印象加以組織並解釋，以使外在環境具有意義。

「感覺是知覺的部分，知覺是將感覺模組化後的心理反應」，例如吃過餐廳的菜認定餐廳的菜好吃，並不是說你吃遍餐廳所有菜色才得的結論，而是你將餐廳的感覺模組化了。

(三)認知的本質（conception）

認知是將模組化的知覺再結構化成為態度與行為，在知覺結構過程中，態度成形前，知覺會受到個體選擇性經驗的影響，產生不一樣

的認知態度如下：

1. 學習與經驗影響：個體從學習中不斷累積經驗的影響。
2. 注意與選擇影響：個體選擇環境中特定刺激的影響，背後動機與期待是重要影響因素。
3. 需要與價值影響：個體缺乏的某種需求，價值是因需要而出現的東西。
4. 知覺防衛影響：個體排斥特定外部影響因素。

　　同一家餐廳的菜色為何有人說好吃，有人說難吃；可能是因為說好吃的人是第一次品嚐有新鮮感，而說難吃的人是吃過了幾次覺得沒什麼新鮮感之故；餐廳的菜色並沒有改變，改變的是消費者對餐廳菜色的認知加入了自己的好惡。說航空公司服務好的人可能是因為期待看見空姐且如願，但說航空公司服務不好的人可能是期待有空位可以橫躺休息卻落空。餐廳菜色知覺、客艙服務知覺都是一樣，但是因個體對同一事物的經驗與期待不同，所以結論知覺服務產生的認知態度就會有人說好、有人說不好。

三、情緒的內隱與外顯

　　情緒可分解成內隱（felt）與外顯（displayed）兩介面；內隱情緒是個體內心真實的情緒；相對地，外顯情緒是組織要求你在工作上的表露情緒，這些情緒並非由內心發生，而是透過學習而來。如環球小姐冠軍宣布時，落選佳麗壓抑內心沮喪，露出祝福冠軍的笑容；參加告別式時，現場人員必須壓抑內心情緒，表現出哀傷的情緒。

四、「弱勢服務者vs.強勢消費者」的現代服務業

　　「服務的好壞要根據消費者的滿意度為準」，我們曾提到服務人

員會用心提供最佳的服務，他們有經驗，所以服務有一定水準，這是他們對自己提供服務的知覺。但是有水準的服務為何會產生不一樣的口碑，就是因為消費者在服務過程中加入了自己的喜好。簡單的說就是「我說你服務好，你就是服務好；我說你服務不好，你就是服務不好」，當然這中間可能有奧客惡意中傷，那另當別論。這樣的口碑對服務人員來說是並不公平，但是回想在「顧客導向」的服務現場，許多飛揚跋扈的消費者對服務人員大肆咆哮，原因就是因為服務人員的服務好壞，是加了顧客的個人因素進去。「花錢就是大爺」聽起來雖有幾分刺耳，但這也是「弱勢服務者、強勢消費者」的現代服務業寫照。

認知是參雜個人特定偏好後的態度，如圖4-3所示。

圖4-3　個體知覺與認知的處理歷程圖

五、服務者（或業者）提供服務的知覺過程

(一)服務準備期

服務人員知覺服務環境與流程，Aspinall認為員工評估進入一個新環境時依據：

　　1.來此目的。
　　2.社會涉入。
　　3.空間涉入。

4.服務涉入。

服務人員在新進訓練時就應充分瞭解涉入公司目的；因此聘僱「服務導向」意願員工，是企業經營首要關鍵。

(二)服務迎客期

服務人員知覺消費者需要服務的意思。當消費者進入工作範圍，服務人員應該知覺消費者來意並主動寒暄，我們常說要給人良好的第一印象，此時就是最好的契機。

(三)服務操作期

服務人員依據個人狀況、條件提供服務。服務的「異質性」使服務人員會根據本身生理、心理狀況提供最佳服務，差異化的服務都是在服務傳遞時發生的問題。

(四)服務檢討期

服務人員提供服務後會有立即知覺反映。服務人員在服務結束後會結論自我表現，服務行銷同時也在關係行銷。若滿意此次服務會信心增強；反之，就要檢討原因何在？

總結上述服務者提供服務的四項知覺過程，如圖4-4所示。

企業為滿足消費者需求，必須將產品「客制化」（customize），也就是行銷組合客制化，也是少量多樣化。少量多樣化雖可達到較大顧客滿意度，但卻會影響企業「標準化」（standardized）程度；客制化使顧客滿意增加，但卻會造成生產與行銷效率減少，產品成本上升。生產以及行銷成本的上升和企業區隔市場的程度，是一種正向關係；企業越客制化，產銷成本增加會越多，服務的難度相對也會增高。

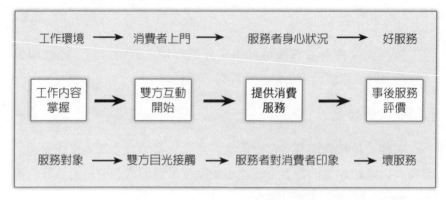

| 工作環境 → 消費者上門 → 服務者身心狀況 → 好服務 |

| 工作內容掌握 → 雙方互動開始 → 提供消費服務 → 事後服務評價 |

| 服務對象 → 雙方目光接觸 → 服務者對消費者印象 → 壞服務 |

圖4-4　服務者提供服務知覺過程

六、消費者購買決策

即消費者接受服務的知覺過程。過去研究消費者購買決策，是以動機、學習、態度、信念、產品知覺或品牌的知覺構面；晚近研究則認爲消費者購買決策，是一連串過程，這個過程即爲「資訊處理」（information processing），本文採用Engel等人所提出的EKB模式，如**圖4-5**所示。

行爲學家認爲人的行爲基本模式，有三個主要的概念：

1.行爲有原因（causality）：環境和遺傳因素會影響行爲，而外在因素也會影響人的內在，正常人行爲必定事出有因。

| 問題認知 → 資訊蒐集 → 方案評估 → 選擇 → 結果 |

圖4-5　EKB消費者行爲模式之決策過程圖

資料來源：James F. Engel, Roger D. Blackwell, and Paul M. Miniard (1990). Consumer Behavior. *Hinsdale*. IL: The Dryden Press.

2.行為有動機（motivation）：人的行為背後有推力、需求或者驅力。人是理性動物，行為結果一定有發生原因，才有邏輯性因果關係。

3.行為有目標（purpose）：人的行為受目標指引有所為而為。

　　上述三個假設或許有不同的觀點，但是其基本假設是不變的。這些概念也可以視為一個封閉的循環圈，如圖4-6所示。

　　對服務不滿的消費者，心中一定憤憤難平，這種不平衡會刺激他去尋找解決不平衡的方法，也許不再購買或是客訴。一旦不平衡心理獲得妥當安撫，內在激動的不滿原因就會平息，再對抗心理也會停止。

七、消費者購買過程知覺

　　即消費者購買服務的知覺過程。消費者在接受服務過程中有四個階段，若認為服務失敗是服務人員的錯誤，錯誤造成擴散效應是大是小，要看雙方服務彌補（service recovery）互動關係，及提供補償性服務效果而定，如果對補償性服務滿意，客訴可能會讓業者得到意想不到的收穫，否則客訴後果就可能失控。

1.選擇消費需求的對象：依口碑、過去經驗、宣傳或自身需要，消費者選擇預期能滿足自身需求的對象。

2.體驗預期的服務：系列服務流程，可讓消費者體驗宣傳與實際

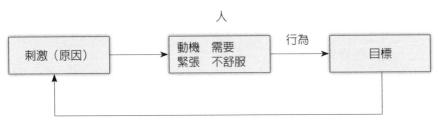

圖4-6　行為的基本模式圖

的差距。

3. 事後對服務的評價回饋：消費者根據服務體驗，會評斷服務品質好壞。服務「客制化」難度超越服務「標準化」，前者顧客滿意一定高於後者，也是企業面對的課題。美國賭城Las Vegas用免費住房優惠顧客前來消費，就是自信提供的服務能夠得到消費者的正面評價。

4. 出現再購或拒購行為：顧客滿意度高低決定企業獲利，企業開發一位新顧客是維繫六位老顧客的費用，且老顧客忠誠度遠較新顧客為高，「消費者導向」知易行難。

總結上述消費者接受服務的知覺過程，如圖**4-7**所示。

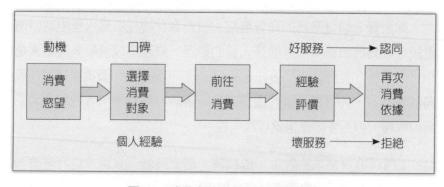

圖4-7　消費者接受服務知覺過程圖

人類心理反應的歷程涉及三個器官運作：

1. 接受外部刺激的器官：五味器官外加動覺、平衡覺；其中以視覺、聽覺最重要。

2. 顯現反應的運動器官：肌肉與腺體協調運作。

3. 連結感覺與運動間的連結器官：神經系統（中樞神經、周圍神經）。

PART 2

心理篇

💬 消費者特性與需求

💬 大腦與感官知覺

第五章

消費者特性與需求

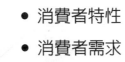

- 消費者特性
- 消費者需求

 第一節　消費者特性

一、消費者人格特質

(一)人格特質

所謂「人格」（personality）是指個人在對人、對己、對事、對物乃至於對整個環境適應時所顯示的獨特個性，人格的特性有：

1.複雜性：人類行為複雜多變，且因人而異。
2.獨特性：人的生長背景不同，內在個性獨特。
3.持久性：個人人格很難隨時空環境改變。
4.統整性：人格特質組合多元，互相激盪共同影響行為表現。

所以不論遺傳、生理成長至成熟，或環境因素，如文化、社會階層、家庭、學校等，再透過學習來適應這些變化，都是人格形成的因素。

(二)大五模式（The Big Five Model）

人類人格表現在五種因子模式，稱人格五種因子基本模式，包含神經質、外向性、開放性、親和性、嚴謹性。這些特質部分來自天生，部分來自學習。

1.情緒穩定（emotional stability）：反映情感穩定度。神經質低的人穩定度高，冷靜有自信，不易受激怒。
2.外向性（extraversion）：反映社交互動的質與量。喜交際、尋刺激；內向的人則保守、寡言。

3.開放性（open to experience）：反映喜新厭舊程度；反之，則過度實際、興趣狹窄。

4.合群性（agreeableness）：反映人際傾向。值得信賴、溫和；反之，則冷漠、充滿敵意。

5.責任感（conscientiousness）：反映自我控制力。恆心、自制；反之，則懶散、無信。

(三)行為發展特徵

心理學家認為行為發展具有下列特徵：

1.早期發展是後期發展的基礎。
2.發展常遵循可預知的模式。
3.共同模式下有個別差異。
4.連續過程中有階段現象。

此外，人類共通行為都會受到刺激影響產生反應，這種刺激來自內心或外在；動機、需要、人格、情緒、認知、態度、價值觀是屬於內在刺激；氣候、經驗、圖片、聲光、文字、人際互動是屬於外在刺激。

(四)認知與行為

人類認知與行為關係具有八種主要通性：

1.同類互比行為：為何他有我沒有，表示在同樣情況下的互比心態。
2.印象概推行為：當你被歸納到「好人」一類，所有好的都與你有關。
3.投射效應行為：自己很喜歡吃的東西，認為他人也一定愛吃。
4.近而親行為：距離的遠近會影響人們的友誼親疏。
5.相互回報行為：某人對你好你也會對他好，某人討厭你你也會

討厭他。

6.相似相親行為：物以類聚，校友相遇較親切，同鄉交談較投緣。

7.替罪羔羊行為：被上司責備找屬下出氣。

8.責任擴散行為：有福同享，有難同當，因此有責任大家扛，所謂人多膽大。

二、消費者研究變數

研究消費者特性時的主要區隔變數有四類：

1.地理變數：區域、城市大小、區域型態、人口密度、氣候。

2.人口統計變數：年齡、性別、家庭人數、婚姻、所得、職業、教育、宗教、種族、國籍。

3.心理統計變數：社會階層、生活型態、人格。

4.行為變數：購買時機、追尋利益、使用情況、忠誠度、購買態度、行銷因素。

三、態度

態度是一種後天性的個人心理狀態，是對一項社會議題所發出的個人反應，態度除了當事人主動透露外，外人很難直接觀察瞭解，態度通常和意見、信念、看法、立場、感覺互相使用。換言之，態度是個體對周遭環境中的特定對象（個人、團體、組織）、事（政策、事件、主題）、物（商品、財貨、計畫）產生一致性的心理傾向和評價反應。

(一)態度的結構

態度是一種單一向度特質，代表一種正面或反面情緒，它包含三

種不同的成分：

1. 認知成分：個人對態度對象的理解與看法。
2. 情感成分：個人對態度對象的情緒感覺包含好惡。
3. 意向成分：個人對態度對象採取的具體行動傾向。

上述「知」、「情」、「意」三者同時具備較易形成對個人態度的觀察、瞭解、判斷。

態度的形成與態度的改變存在密切關係，Kelman認為任何一種態度的形成都需要經過三個階段：順從、認同、內化。現分析如下：

(二)態度的定型

1. 順從階段（compliance）：個人受到外界個人、社會、團體影響，外表上表現出與個人、社會、團體一致的行為，但內在狀況未必如此。
2. 認同階段（identification）：人際知覺與人際吸引下產物，有時認同屬態度的情感成分。
3. 內化階段（internalization）：深植內心屬於態度確定階段，例如品牌忠誠。

(三)態度的改變

人類經由增強、連結、模仿三種學習階段習得對特定對象的態度，並從順從、認同、內化三階段變成態度。至於態度會改變所涉因素複雜，大致區分為兩項：

1. 個人主動改變：多半來自個人經驗整合、認知結構調整、遭遇打擊變化。
2. 個人被動改變：多半受外界刺激影響。

四、消費者分類

消費者人格基本上分為四種類型，即關係型、邏輯型、實際型和整合型。

1. 關係型：多為社工人員、企管人員，他們重視與別人的關係，不直接表達自己的意見，較保守，小心謹慎。
2. 邏輯型：多為思考家，如律師、會計師、設計師、工程師等，採懷疑論，事事抱持疑問，作風保守但注重績效。
3. 實際型：多為創業家、公司合夥人、決策者或各行業的領導階層，個性開放，績效導向，不重視過程重結果。
4. 整合型：多為決策者，各行業董事長、頂尖銷售員，個性客觀重人際關係，善於表達且具同理心，有企圖心又優越感，一切均以企業獲利最大化為依歸。

五、消費者偏好種類

消費者可以是個人、團體、企業、國家；即使個人也有客戶、病患、乘客、會員、保戶、使用者、買主、訂戶、讀者、購買者、觀眾、客人。消費者分類為以下六種：

1. 習慣性消費者：消費者僅忠於一種或數種廠牌，購買貨物時，多數習慣於購買自己熟知的廠牌。
2. 理智性消費者：消費者在實際購買以前，對自己所要購買的貨品，均事先經過考慮、研究或比較，在購買時早有腹案。
3. 經濟性消費者：消費者重視價格，唯有廉價之貨品才能給予滿足。
4. 衝動性消費者：消費者常被產品之外觀或廠牌名稱所影響。

5.情感性消費者：消費者多數屬於情感之反應者，產品象徵對彼等具有何種重大意義，深受聯想力之影響。

6.年齡層消費者：從嬰兒到墳墓的各年齡層消費族群，心理偏好上各有不同。

六、另類消費者

另一種「消費者」定義：「任何受產品、製程或過程影響的人」，又可分為四種：

1.外部顧客：對服務業而言，外部顧客範圍可以延伸很廣，例如國稅局、納稅人、財政部等，無所不包。

2.內部顧客：企業員工。

3.供應鏈廠商：企業衛星廠商。

4.線上顧客：網際網路購物族群。

七、消費者購買動機

一個人的慾望必須以購買某種物品才能滿足時，則此內在之驅策動力稱為購買動機（buying motives），購買動機一般分為產品動機（product motives）和惠顧動機（patronage motives），分列如下：

(一)產品動機

1.理智購買動機：購買者基於「理性」而購買，包括輕便、容易使用、耐久性及可靠性；消費者因為電熱器製造商保證長期免費服務而購買。

2.感情購買動機：包括安全感、好奇心、自我滿足、舒適、優越感、免於恐懼等。崇拜某歌星而買他的CD。感情之購買動機不是理性的反對面，人們常有若干理由購買，而情感上驅使力量

以滿足需要，而決定購買，因此情感與理智是一致的；例如為女友買生日禮物（情感）而去挑選禮品（理智）。

(二)惠顧動機

消費者的購買動機，包括特定廠商、商店位置、貨品種類、服務提供、價格公平、促銷活動、消費人口、消費流程等，對零售商而言非常重要。

惠顧動機受到環境影響，有些是長期性影響，有些則是短期性影響，因素包含下列五項：

1.文化（culture）：信仰、價值觀。
　(1)次文化（sub-culture）：年齡、性別、種族、宗教來分類。
　(2)社會階層（social class）：職業、收入、教育程度。
　這些因素加起來影響我們的生活型態（life style），也影響我們的消費型態。
2.家庭（family）：家庭影響最早可從兒童時期的消費個性，一個人花錢、買東西、使用物品方式，都和家庭背景有很大關係。
3.參考對象（reference group）：對象行為及代表意義會影響消費行為，模仿、認同、學習。
4.行銷環境（marketing environment）：設計、包裝、陳列、廣告、口才、促銷。
5.情境因素（situational factor）：天氣、時間、商圈繁榮度。

八、購買訊息的來源

訊息只有成為商業訊息後，才能產生經濟效益。在流通領域裡，消費者的訊息來源可分為內部與外部來源兩種；內部來源是指消費者根據過去購買經驗，外部來源有三：

1.業者直接傳遞消息。

2.消費者口碑傳遞消息。

3.媒體傳遞訊息。

其中又以消費者口碑訊息占有重要地位，這種輿論平行交叉、互動影響的口碑稱為水平模式，感染性超乎想像。

若是在居家附近購買商品，其購買資訊來源分三階段：

1.第一階段包含：(1)商店的外觀；(2)商品的出現；(3)觀察與瞭解。

2.第二階段包含：(1)對商品產生印象；(2)印象與聯想；(3)希望擁有商品。

3.第三階段包含：(1)比較與評價；(2)建立消費信心；(3)採取消費行動；(4)售後感受。

 # 第二節　消費者需求

一、影響消費者購買的因素

學者們對於消費者購買時，會影響他們決定購買的因素，產生極大的興趣。Ray與Myers認為影響消費者購買因素可區分為三種：

1.學習反應模式（learning response model）：消費者經由認知、情感和行為之典型模式。本模式告知行銷者，規劃溝通活動，應建立產品或服務認識度，而增加產品或服務說服力刺激購買。

2.不安─歸因反應模式（dissonance attribution response model）：本模式依「行為的─情感的─認知的」反向進行，消費者先購

買產品或服務，使用中態度正向增強或正面體驗，最後完全接受產品或服務。另一個不安因素是「資訊不對稱」；業者隱瞞產品或服務弱點，消費者購買後才會發現問題所在，因此會讓顧客裹足不前。

3. 投入反應模式（involvement response model）：本模式描述消費者經由認知、直接到購買行為，然後再改變態度過程。實際上，消費者經由粗淺認識便購買產品，使用過後態度轉變。行銷人員應建立產品「知名度」，促使消費者購買後的有利態度出現。

二、消費者購買的認知風險

消費者購買的認知風險有三種：

1. 產品功能認知風險：這是產品認知和產品效果風險。例如消費者會對曾經搭乘過各家航空公司在報到、候機、機內服務與設施做比較，某家服務、優惠超越其他各家時，消費者可能會改變消費對象。

2. 社會心理認知風險：這是社會地位與個人身分風險。例如Benz和BMW即使功能與平價車不相上下，但是雙B轎車是路人注目焦點，價錢功能性降低，社會心理認知提高，消費者捨平價車而購買雙B車，就是要凸顯地位與身分。

3. 認知失調風險（cognitive dissonance）：購買者由於對產品或服務認知不足，「買了不該買的東西」或「該買的東西沒有買」，均會後悔不愉快，此種不愉快是認知失調風險。如老張買了一棟房子，他的朋友都認為他買貴了；老張逛會展心儀一台電腦，但因猶豫而被人捷足先登了。

認知風險會隨著不同產品而變化，私校購買交通車需講求耐用，功能風險最重要；但校董購買轎車需講求地位與身分，必須重視社會心理風險。

三、消費者拒絕購買的態度類型

消費者拒絕購買取決於業者回應抱怨的態度，拒絕購買可分為三種：

1. 一般拒絕：消費者的拒絕是隨機性的，沒有深思熟慮過的決定，也就是可有可無的心態。
2. 眞正拒絕：消費者的拒絕是經過深思熟慮的，發現商品某些特質與自己的偏好完全相反，要挽回消費者心意難度增加。
3. 隱蔽拒絕：基於某種不願告人的因素使然。不願說出眞實理由的原因有下列五種：
   (1) 出於自尊心。
   (2) 消費意願不強。
   (3) 對商品不熟悉。
   (4) 對商品或服務印象不佳。
   (5) 正負口碑難做判斷。

四、消費容量不確定性

服務性企業由於市場高競爭性與不確定性，有可能面臨下列的容量情形（**圖5-1**）：

1. 消費容量超過服務最大產能，會導致目前和潛在顧客流失。
2. 消費容量超過服務最適產能，雖無顧客立即流失顧慮，但服務品質一定會降低。

顧客需求超過服務最大產能（流失顧客使企業獲利受損）

超過最大服務供給產能線

顧客需求超過服務最適合產能（服務品質下降）

最大服務供給產能線（顧客需求和服務提供平衡）

顧客需求與服務產能一致（服務最佳狀態）

最適合服務產能線

顧客需求低於服務最適合產能（企業資源過度投入產生浪費）

過低服務產能線（資源利用率低導致獲利率低）

圖5-1　顧客需求相對服務產能對照圖

3.消費容量與服務提供一致是理想狀況。

4.消費容量低於服務最適產能，會導致企業資源浪費，獲利下滑。

　　超過最大容量與最大容量的差別在於，當顧客需求是超過最大容量時，服務現場會產生空窗，導致現在與潛在顧客因失望而流失，企業從此便失去了他們的生意。但當顧客需求介於最大與最適容量之間時，雖然所有顧客都能獲得服務，但企業仍然要承擔部分顧客因需求未被滿足流失的風險。

　　有些場合最適合與最大容量或超過最大容量的意義是相同的，如大型演唱會，觀眾聚集對最適容量、最大容量或超過最大容量的感受差異似乎不大。反倒是因人潮多可使氣氛high到最高點，這是正面的。但是將此狀況用在餐廳或銀行服務便不適用，因空間擁擠會造成顧客抱怨；這從旅客乘坐飛機滿意度調查中發現，隔壁座位無人的旅客對服務滿意傾向高過其他因素，表示航空旅行的空間，是一項重要

服務指標。

　　無可諱言的，服務性企業提供消費者需求容量有供不應求、供需均衡或供過於求三種狀況，應採取需求管理五策略（**表5-1**）：

　　1.無為而治策略。

　　2.降低需求策略。

　　3.提升需求策略。

　　4.預約需求策略。

　　5.建立排隊制度。

表5-1　不同顧客需求容量下的需求管理策略表

適用策略	供需狀況		
管理策略	供不應求	供需均衡	供過於求
無為而治	顧客極度失望的等候激怒顧客致使顧客流失	物盡其用是最佳利潤	服務容量閒置企業資源浪費
降低需求	以價制量提升獲利疏導需求（篩選顧客）	無須動作	無須動作
提升需求	無須動作（除非有利可圖）	無須動作（除非有利可圖）	選擇性降價（促銷活動）
預約需求	排定目標顧客之優先順序，將其餘顧客疏導至離峰時段	確保處於最佳獲利狀況	確認尚有空位不需事先預約
建立排隊制度	考量放棄部分目標客戶，讓等候的顧客保持舒適，並準確告知需等候時間	避免因瓶頸而造成拖延	不適用

五、離岸外包業務（offshore outsourcing）

　　企業為了降低人力資源成本與服務，增加運作能力和競爭力，部分服務採取離岸外包行之有年，這種活動可以降低企業成本30～

70%。企業認為這種離岸外包服務仍能維持採用此種外包服務之前的服務水準，但三分之二的受訪美國人表示會降低使用此種外包服務，甚至進行杯葛或抵制，轉到敵對企業要求服務，其原因是：

1. 語言溝通差異。
2. 通話排隊等待與忍耐造成憤怒與無奈。
3. 國家先進化程度不同。
4. 文化與種族差異性。

這會增加顧客抱怨，影響企業形象、顧客滿意度和品牌忠誠度。

六、等待線需求管理

服務業可以將「等待線需求」經由下述三種方法儲存服務：

(一)經由排隊系統管理顧客

排隊（queuing）是最常使用的方式，現代人最沒有耐性的就是無意義等待，不但耽誤顧客時間，對服務品質也是一項負面訊號。不過由於服務供給與消費需求之間有落差，或多或少都會讓消費者等待；如買車票要等待、玩遊戲要等待、看醫生要等待，第一線人員應能感受或掌握顧客願意等候時間的長短。排隊管理包含資料蒐集、先到先服務、服務顧客速度、每次時間長短；達到人力資源及設備利用最佳化。

(二)多重管道降低等候時間

等候問題的最佳解決方式有三種：

1. 精簡服務流程。
2. 增加人力資源。

3.調整傳遞方式。

(三)利用市場區隔取代先到先服務方式

1.工作急迫性：如醫院的先到病人不一定是急需要治療的對象。

2.處理時間長短：如機場對不需報稅旅客所設的快速通關檯；超市購買五項以內物品的快速結帳檯。

3.額外付費：顧客有時希望支付較多費用換取提前時間或升等服務。

4.顧客等級：將顧客區隔成不同等級，提供各等級差別服務，如航空公司頭等艙、商務艙、經濟艙的區別。

5.預約制度：預約專屬服務制度避免讓消費者等候，幫助平衡服務產能，確保服務品質。

七、等候心理現象

心理學研究人們常常高估自己的等候能耐，最高達到七倍，並發現安排等候的十種現象：

1.無所事事比忙碌感覺時間長。

2.事前等待比處理中的等待時間長。

3.焦慮時的等候感覺較長。

4.不確定的等候比確定的等候感覺時間較長。

5.沒有解釋的等待比事先解釋的等待感覺時間較長。

6.不公平的等待比公平的等待感覺時間較長。

7.有價值的服務會有人願意等待更久。

8.單獨等待比陪伴等待感覺時間較長。

9.生病時等待比健康時等待感覺時間較長。

10.新顧客等待比老顧客等待感覺時間較長。

　　因此，基於等待心理，發展排隊策略對顧客的服務品質及服務速度而言有重要涵義。服務人員為了要提供更好的服務，就要找出顧客願意等待多久時間，讓顧客等待更愉快的方法，如愉快的環境（舒適的溫度、座位、空間、裝潢、電視）、雙向的互動、資訊的提供和娛樂的消遣。

第六章

大腦與感官知覺

- 大腦
- 心智模式與感官知覺

第一節 大腦

一、大腦概況

人類大腦分左右兩半，右半部稱「右腦」，左半部稱「左腦」，左右腦形狀相同功能各不相同，包辦了腦的所有功能。左腦司語言，把看到、聽到、觸到、嗅到、嚐到、感覺到（左腦六感）的訊息轉換成語言來傳達，相當費時。左腦掌控知識、分析判斷、邏輯思考，與推理論證有密切關係。

大腦右側則以較為直覺、整體方式掌握工作，它是抽象主義的、創造性思考的源頭。右腦具優勢的人有較多的模糊性和無序性，兩者都是創造力的特徵。右腦的六感包藏在右腦底部稱「本能六感」，控制自律神經與宇宙波動共振和潛意識。右腦將訊息以圖像處理，可瞬間處理大量資訊（心算、速讀）。右腦的六感受到左腦理性的控制與壓抑，很難發揮潛能。右腦主感性，聽音可以辨位、圖像浮現、感覺味道，稱「共感」。右腦具有自主性，能夠發揮獨自的想像力、思考、把創意圖像化，同時具有說故事功能，這是左腦無法做到的事情。且右腦記憶力只要與思考力結合，就能和另一種非語言性圖像思考連結，創造出奇特的思想。只要我們工作，都會面臨許多複雜的局面，我們受到形形色色資訊不停的干擾，我們的腦容量有限，大腦就得簡化資訊到工作上讓我們容易「管理」。

二、大腦可能的判斷錯誤

英國曼徹斯特大學學者James Reason在《人類的錯誤》（*Human*

Error）一書中指出犯錯是很正常的現象，當大腦「管理」資訊時會採取「心靈捷徑」，簡化思考過程造成錯誤。又根據研究人性Fitts與Jones的說法，可能影響到服務業範圍經常犯的錯誤分為下列六種：

(一)替代性錯誤（substitution errors）

　　通常由於布置、設計、方向不一致，在未經告知或訓練情況下，人們可能看錯、拿錯、做錯、走錯了。平時員工上下班搭交通車不會上錯車，但交通車進廠維修臨時請民間交通車替代，員工有可能上錯車，這是替代性造成的錯誤。

(二)調整性錯誤（adjustment errors）

　　調整事項時，由於動作太快、太慢、太猛，操作者懷疑而自行更正，但是沒有正確資訊告知對錯，操作者在無意中犯了調整性錯誤。公司調整產品價格，但是服務人員休假上班未接到通知，因此銷售價錢有新有舊，這是調整性錯誤。

(三)方向性錯誤（reversal errors）

　　預期機器會朝人類思考的方向移動，結果卻正好相反，於是便造成方向性錯誤。一家國內航空公司班機往返台北、花蓮兩地連續飛行，上午、下午同目的地兩班次因風向改變而被塔台要求調整飛機起飛方向，但駕駛觀念並未即時調整，以致起飛方向調整但駕駛方向觀念未同步調整，起飛後飛機該左轉卻右轉因而造成空難。

(四)遺忘性錯誤（forgetting errors）

　　人是會健忘的，尤其年齡越大越容易健忘，一小時前才吃過藥現在又想再吃；技師操作熟練後就全憑記憶不按SOP操作，造成維修錯誤；下班離開公司就懷疑是否關了電腦又回去檢查；自認給了顧客贈品顧客卻說沒給。這些似有非有的遺忘性錯誤，經常在周遭出現。

(五)無心錯誤（unintentional errors）

這一類是上述四類之外的錯誤，人大概不會蓄意犯錯，機械系統沒有設計上的錯誤，發生錯誤的話大概屬人為無意間造成的。丟垃圾是爸爸的工作，但今天垃圾車就是不來，因為是星期天環保局休息。

(六)能力有限錯誤（impracticable errors）

由於知識、體力、反應因素，使操作人員無法達標。要未經訓練員工去做訂位工作、要女性去搬家、要老人參加益智遊戲；這是能力不足的錯誤。

我們進一步細分介紹過的錯誤，又分為「過程錯誤」和「結果錯誤」兩種。在過程錯誤中學習的經驗比較重要，結果錯誤有過程中單一環節造成或連續環節造成。茲將「過程錯誤」與「結果錯誤」對照如**表6-1**。

三、人為何要掩飾犯錯

組織學習教授Argyris（亞吉利斯）研究管理顧問業組織學習時發現，顧問們經常犯錯，但他們既不從錯誤中學習也不承認自己犯錯。

表6-1 過程錯誤與結果錯誤比較表

過程錯誤	結果錯誤
1.儘管其他有效的對立資訊出現，也不願意改變後來的行動。 2.以最近的事件，或以往未經證實的成功，去解釋資訊。 3.選擇性地去審視一切可用證據。	1.買部二手車，後來車子常故障。 2.無法獲得市場占有率的產品。 3.投資報酬率差。

資料來源：陳琇玲譯（2000），Michael Pearn、Chris Mulrooney、Tim Payne著（1998）。《愈錯愈成功》（*Ending the Blame Culture*），頁56。台北：商智。

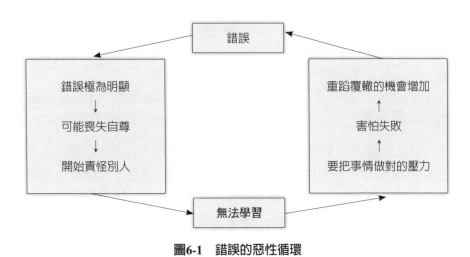

圖6-1　錯誤的惡性循環

資料來源：陳琇玲譯（2000），Michael Pearn、Chris Mulrooney、Tim Payne著（1998）。
《愈錯愈成功》（*Ending the Blame Culture*），頁58。台北：商智。

亞吉利斯發現人若認錯，會產生憂慮和負面情緒，這使顧問們即使犯錯也不願認錯。他們把「失敗」和「錯誤」劃成等號，他們拒絕失敗絕不承認犯錯，除非自我反省改正，否則外力無法改變他們，如**圖6-1**所示。

四、大腦記憶與身體反應

(一)大腦記憶

　　人類溝通靠記憶能力，如果失去記憶能力，溝通無法實施。記憶內涵可分為「事實記憶」和「技能記憶」兩種。

1.事實記憶：明確資料，如地址、名字、面孔、歷史等，事實記憶很快可以獲得；例如昨天在校門口看見李老師，但也可能很快忘記；又如電話號碼只能記住一分鐘。
2.技能記憶：牽涉到學習，譬如騎自行車、玩樂器等。某些技能

記憶與學習環境無關，如上樓按樓層按鈕，這種下意識反射動作所需學習時間極短。但若學習打字，技能記憶就需要較長的時間。

(二)身體反應

人的判斷在正常身心狀況下，需要記憶、能力（體力、智力）、速度要素配合：與記憶、能力成正比，和速度成反比。醫學研究報告，人類看東西時，通常眼睛鎖定目標要0.3秒，視覺訊號傳至腦部約需0.1秒，然後資訊經腦部解讀成判斷結果需要0.6秒。判斷指令將訊號給肌肉需要0.4秒，肌肉操作動作到機器（機器經內部連動產生功能）需要0.6～1秒，機器控制速度要2～3秒。從眼睛鎖定外界目標開始到速度完全被控制為止共需5.4秒，若以時速100公里，駕駛在150公尺外發現問題要成功解決問題的機率幾乎是零。更不要說開車前喝酒麻痺肌肉造成判斷遲鈍、動作遲緩，後果不堪設想。

五、大腦判斷與環境、刺激關係

(一)大腦判斷與環境關係

大腦判斷錯誤要分析原因並不容易，其中可能牽涉單一原因或多個因素，人在下列情況下判斷容易發生錯誤：

1.工作單調、沒興趣。
2.安全環境。
3.環境太舒適。
4.先入為主的成見。
5.飽餐以後。
6.長時間工作。

7.單獨工作。

(二)大腦判斷與刺激關係

實驗已經證明，大腦判斷與外界刺激互動結論有八點：

1.聽覺反應時間比視覺反應時間快。

2.雙眼、雙耳比單眼、單耳反應時間快。

3.刺激強度愈高，反應時間愈短。

4.速度越快，需要反應時間越短，錯誤機率越大。

5.一段時間內的刺激有效，超過時間的刺激效果下滑。

6.同一刺激不斷出現，反應時間變長、效果變差。

7.刺激時注意力集中，反應時間較快。

8.動作靈活反應時間快。

六、個別差異

(一)偏生理面的差異

若我們對人口統計上的差異作進一步瞭解，會理解群體內為何有個別的差異，個體也會因環境不同，出現不一樣心理與生理的差異。這些個別差異包含智力、能力、性向、興趣、價值、態度、氣質、人格和生理等方面，現在將各種差異分述如下：

◆智力差異

智力包含學習能力、知覺能力、聯想能力、記憶能力、想像能力、判斷能力、推理能力等，即個體能否有條理的思考，並對環境做適應能力。智力高的人適應能力較強、學習績效較好、推理較合乎邏輯。如果將腦力工作需要智力高的人與智力低的人對調，工作達成難度一定增加。智力商數（Intelligence Quotient, IQ）表示智力高低的指

標。

◆能力差異

　　能力有雙重意義，一指個人到現在為止實際具備能力；一指個人未來潛力，此處的能力是指個人現有的各種能力，包括知識和技術。能力是個別差異的主要特徵之一，能力高者適任高階層或複雜性工作，能力差者勝任簡單而例行性工作。

◆性向差異

　　性向也稱可能性，指先天具有某種能力的可能性，經過學習或訓練，可能性成為事實的機率增高。例如：某人書法很好，因為喜歡寫字，經過訓練未來成為書法家的可能性增加；某人歌喉不錯，經常練歌，未來成為歌星的機率增加。在做工作分配時，要注意員工的性向，要善於言辭的人去從事機器操作或機械性向很強的人從事顧客服務工作，都不是很恰當的安排。

◆興趣差異

　　「人要為興趣而活」，興趣是個人對事物的喜好程度，有些人興趣專注，有些人興趣廣泛。興趣專注的人對其他事物興趣缺缺，唯獨對專注事項及其相關資訊興致沖沖。興趣產生可能源於自我、家庭、同僚、朋友、社會等因素。

◆價值差異

　　價值指個體對特定事務的個人判斷，反映出個人對事物「好與壞」、「有與沒有」的判斷結果。一位老師認為老師職業的物質條件高於精神條件，作老師才要意義；另一位認為老師的精神條件要高於物質條件才對；「唯物與唯心」的價值差異造成結果差異。

◆態度差異

　　態度受到價值影響，但是態度是具有方向性的，也就是對特定

對象會有特定立場。換言之，態度乃是個體對周遭環境中的人、事、物，所產生的正面或負面傾向。此種傾向係受到個人認知、情感的影響，從而產生出某種行為。因此，態度是由認知因素、情感因素和行為因素所構成的。

(二)偏心理面的差異

◆行為差異

行為受到態度影響；價值是觀念樞紐，態度是觀念方向，行為是實際行動。雖然無法瞭解個人態度的方向，但我們從個人行為表現，可以推論個人的態度傾向。

◆氣質差異

氣質係指個人與環境互動所表現出情緒性與社會性行為。氣質與「性情」、「脾氣」、「性格」接近，是個人外顯的行為型態。有人熱情、冷酷；有人外向、內向；有人包容，有人尖銳。不同氣質的人在工作分配時必須注意此一因素。

◆人格差異

人格為個人行為綜合體，個人行為都是透過人格表現出來的。換言之，所謂人格是個人特有的行為方式。每個人都在不同環境交互作用中產生對人、對己、對事、對物的不同適應，不同的人格特性，可透過合理指派工作。

◆生理差異

生理指個人體格狀況、外表容貌、生理特徵等。它包括身材高矮、身形胖瘦、體力強弱、容貌美醜、生理缺陷與否，這些特質不但影響別人對自己的評價，也構成自我意識的主要成分。經過醫療美容的人之自我意識較原先積極正面。

七、人類基本需求

美國心理學家Reiss（瑞斯）2004年研究發表十六項人類基本需求。有趣的是其中十二項需求也存在動物界本能中，另外四項才是人類社會特有的。當然這還有些瑕疵，例如它沒有提到人類需求宗教的本能，因為一項有關於腦部與宗教的研究顯示，我們有宗教想法時腦部部分區域會發熱，目前瀰漫追求心靈成長都和宗教有關。現列舉十六項基本需求內涵。

(一)動物擁有的基本需求

1.性（romance）：屬於哺乳類的人類非「性」莫屬。

2.餓（eating）：這是動物的基本需求。

3.運動（physical exercise）：鍛鍊身體。

4.獨立（independence）：個人主義的盛行，使得獨立無所不在。

5.好奇（curiosity）：對新事物探索和追尋。

6.被接受度（acceptance）：被社會環境認同。

7.秩序（order）：人類討厭混亂、鬆散不確定的環境。

8.報復（vengeance）：人想戰勝別人。

9.社會接觸（social contact）：人類需要人際互動、朋友與遊戲。

10.家庭（family）：想要有家庭歸屬感。

11.儲蓄（saving）：人類有有備無患的需求。

12.權力（power）：人類有駕馭他人的企圖。

(二)人類獨有的基本需求

13.被關注（status）：人要被關注、被瞭解。

14安寧（tranquility）：人類有追求內心平靜的需求。

15.榮耀（honor）：超越別人讓人欣賞。

16.理想主義（idealism）：利他、公平的進步社會。

八、消費者購買學習歷程

人是學習的動物，人類從錯誤的學習中，得到正確的知識，人類才由知識的累積創造出今日的社會。若將學習的歷程用於消費者購買，則消費者購買基本的學習歷程——「驅力、線索、購買、反應、增強」，如圖6-2所示。

1.驅力：引發個人購買行動的內在刺激。飢餓是一種驅力，驅力可分為：
   (1)原始驅力：原始驅力是由生理需要引起，如飢餓、口渴、性。
   (2)衍生驅力：衍生驅力是學習而來的，如老鼠專跑白區而不跑黑區避免被電擊。
2.線索：一種外界刺激，如廣告宣傳、他人鼓勵。飢餓時食品廣告即為線索；旅遊時旅行社廣告即為線索。
3.購買反應：對線索採取控制的行動，如購買航空公司的機票。
4.增強：當購買受到犒賞時所產生的認知。飢餓時吃了特定食物會產生滿足感，於是對此食物有特定認知。

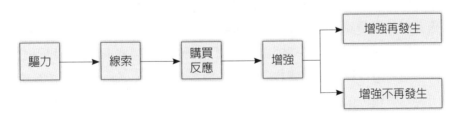

圖6-2　顧客學習的歷程圖

資料來源：林靈宏（1994）。《消費者行為學》，頁55。台北：五南。

(1)增強再發生：讓特定認知重複出現。對於某家旅館的服務滿意，下次還會去同一家旅館消費。

(2)增強不再發生：讓特定認知不再出現。消費時不滿意則會將此認知排除，稱為消除作用（extinction）。

要過生日會有到餐廳用餐慶祝的「驅力」，上網搜尋「線索」看哪家餐廳最適合，然後「購買」餐點與服務結果，得到「服務好」的「正增強」印象，若下次還有慶祝時，就會「增強再發生」想起去同一家餐廳用餐的「線索」；若得到「壞服務」的「負增強」印象，下次若還有慶祝機會就會「增強不再發生」的找別家慶祝。

 ## 第二節　心智模式與感官知覺

一、心智模式

(一)心智模式特徵

「心智模式」又稱為「心智模型」，是指深植我們心中對於自己、他人、組織及周圍世界每個層面的假設、形象和解釋，它深受習慣思維的局限。那也通常指人們一種習以為常、理所當然的認知。美國發展心理學家嘉納（Howard Gardner）在《心靈的新科學》（*The Mind's New Science*）一書中提到：「我們的心智模式不僅決定我們如何認知周遭世界，並影響我們如何採取行動。」人們的行為未必與其所說的一致，但他們的行為的背後一定與他們的想法一致，那背後的東西就是心智模式。為何會言行不一致呢？那是因為心智模式有下列七個特徵（圖6-3）：

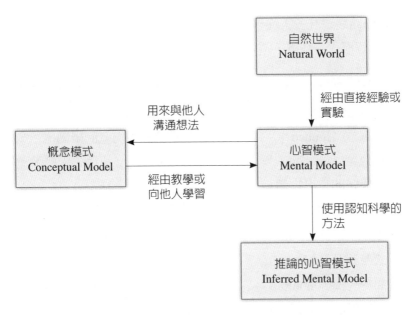

圖6-3　心智模式形成的前因後果

1.每個人都具有心智模式。

2.心智模式決定了我們觀察事物的視角和做出的相關結論。

3.心智模式是指導我們思考和行為的方式。

4.心智模式讓我們將自己的推論視為事實。

5.心智模式往往是不完整的。

6.心智模式影響著我們的行為的結果，並不斷強化。

7.心智模式往往會比其有用性更加長壽。

(二)心智模式特性

　　心智模式的形成是先由訊息刺激，然後經由個人運用或觀察得到進一步的訊息回饋，若自己主觀認為是好的回饋，就會保留下來成為心智模式，不好的回饋就會放棄。心智模式不斷地接收新訊息的刺激，這種刺激的過程可分為「強化」或「修正」。

Norman觀察許多人從事不同作業時所持有的心智模式，歸納出六個關於心智模式的特質，這六個特質並非相互獨立的：

1. 不完整性（incomplete）：人們對於現象所持有的心智模式大多都是不完整。
2. 局限性（limited）：人們執行心智模式的能力受到限制。
3. 不穩定（unstable）：人們會忘記所使用的心智模式細節，尤其一段時間沒用它們。
4. 沒有明確的邊界（boundaries）：類似機制經常會相互混淆。
5. 不科學（unscientific）：人們常採取迷信模式，即使知道這些模式並非必要的。
6. 簡約（parsimonious）：人們會多做一些可以透過心智規劃而省去的行動。

(三)心智模式功能

心智模式是一種機制，在其中人們能夠以一種概論來描述系統的存在目的和形式、解釋系統的功能和觀察系統的狀態，以及預測未來的系統狀態。人們改善自己心智模式的方法主要有兩種方式，一是反思自己的心智模式，透過反思與學習改善自己的心智模式；二是探詢他人的心智模式，從自己與別人的心智模式的比較中完善自己的心智模式。心智模式可以影響我們如何看待事物，可以影響我們的認知方法。良好的心智模式、積極的人生心態可以幫助我們戰勝自卑和恐懼，可以幫助我們克服惰性，可以發掘自己的潛能，使我們工作得更有成效（**圖6-4**）。

二、感官知覺對服務品質刺激回應

「感覺是知覺的部分，知覺是感覺模組化後的心理反應」。企

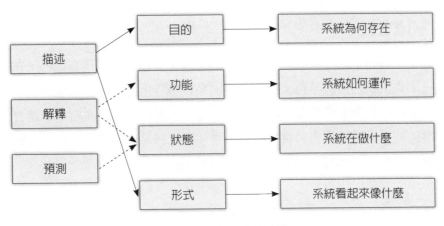

圖6-4 心智模式的功能

業提供服務時，消費者的感官是如何接受各種不同外在的反射或刺激
呢？這些反射或刺激又會引起消費者對服務的品質作何解釋？從生理
心理學觀點而言，影響人類感官知覺的器官有三：

1.接受刺激器官（感覺器官）：眼、耳、鼻、口、皮膚組成之視
　覺、聽覺、嗅覺、味覺、觸覺。
2.顯性反應器官：如肢體、面部表情等
3.連結感覺和反應的器官：神經系統為主。

消費者經由「視」（visual）、「聽」（auditory）、「觸」
（kinesthetic）感官接收外部刺激，轉換成一種知覺心理反應，知覺再
加入自己的意見結構化成內隱的態度，進而成外顯的行為。

三、感官知覺的種類

感官知覺是基本服務品質要素，現在用它們說明業者提供產品或
服務的接受程度的來源，以及接受後的各種不同反應。

(一)視覺

顏色在不同的國家代表不一樣的意義,黑色在中國代表死亡,在日本是新娘的禮服顏色;白花在中國是喪事時用的,在日本是迎賓的花朵。心理學家認為身處暖色系(如紅色、黃色)的人血壓和心跳會增加。光線是另一項對視覺衝擊因素,採光充足的房間讓人有溫暖健康的感覺,採光幽暗的房間則使人聯想神秘情調。

(二)聽覺

音樂是生活重要的部分,人們認為音樂可使他們興奮,這是好的聽覺。同樣也有人們認為接收刺耳的聲音時,會造成思考上、情緒上不穩定起伏,進而影響工作進行或判斷事物。不好的聲音直接影響顧客滿意,甚至會拒絕再度購買。

(三)嗅覺

氣味有好壞之分,好氣味可以提振精神,降低壓力、提高生產力。辦公室內玉蘭花使人置身花叢舒適滿足感。女士宴會時香水的魔力,使男士蜂擁而至。相反地,身上異味沒有完善處理,則會場氣氛將會非常尷尬。

(四)味覺

色香味的味覺也是重要知覺因子,餐飲業者不遺餘力地開發各種不同口味餐點,希望符合善變消費者的口味。坊間著名餐廳就是以獨特口味吸引老饕,餐廳生意蒸蒸日上靠的就是掌握消費者的味覺。

(五)觸覺

觸覺也分為好的觸覺與壞的觸覺,平滑柔細的表面使人觸摸愉快,手感高級的質料容易讓人產生購買慾。下樓時觸摸欄杆,飛機上

布質毛巾質感，顧客無意間觸摸到沾滿灰塵的檯面等，都有不同的感受。小小的疏忽，可能使企業廣告毫無效果（蔡瑞宇，1996）。早期品質種類僅有「產品品質」，產品設計的品質水準隨它的目標市場區隔不同而相異。很明顯的鈑金的厚薄及烤漆的不同，是構成賓士車與福特車不同特性的一部分。在服務業發達的今天，光是「產品品質」已經不能代表品質的全部內涵，另「服務品質」也包含其中。

(六)膚覺

膚覺可使人直接感受外在環境的冷熱變化，尤其在地球暖化造成「聖嬰現象」寒冷和炎熱極端現象的今天，對於服務業來說，要提供顧客舒適的環境，顧客對溫度的要求越趨嚴苛。隨著全球溫度普遍上升，溫度控制的服務好壞，可造就企業的成敗。

四、品質滿意與生理層知覺

感官知覺能使顧客滿意度迅速提升，但是顧客滿意度的保鮮期也不易維持長久，業者一旦仿效做出品質超越現存物件時，喜新厭舊就會使服務滿意度下滑。提升食材品質與等級，聘請知名主廚進駐指導，顧客味覺滿意度必定走揚。隨時保持一塵不染，窗明几淨，汰換質感不佳的物件品質，則可立即提升觸覺滿意度。若每家都做生理層品質改善，則感官知覺服務品質無法長久支撐。

五、品質滿意與心理層資訊服務

感官知覺品質賞味期限隨著時間快速消逝，無法提供知識性、心理層次需求。資訊服務品質便是服務性企業大力開發項目。「盲人瞎馬」，是指人們無法獲得正確資訊，就很難做出正確判斷，不是浪費時間金錢，就是消耗體力精神，甚至顧客離去。因此現代服務業者

快速地提供消費者資訊作爲決策參考，目的就是讓消費者省錢、省時間，增加顧客滿意度。

　　舉航空公司爲例；企業高級主管出差或企業老闆出國考察搭乘頭等艙、商務艙，航空公司無論如何提升服務等級，對高所得消費族群早已感覺鈍化。依據馬斯洛的需求層次理論來看航空公司高消費族群，在滿足他們的生理需求後，他們最需要的就是心理需求，也就是正確知識性資訊。隨時隨地提供例如旅客目的地機場入城搭車方式？開店打烊時間？市內居民種族、教育、所得分布概況？航空公司消費以何種方式支付對消費者較有利？臨時更改回程日期可行性如何？有無罰則？當地國海關攜帶免稅品入境規定有無變更？消費者可否更換至航空聯盟內的他家航空公司？等等；等於身邊多了一位專業秘書協助，消費者圓滿出差得到超越預期的諮詢服務，航空公司形象必定深植消費者心中。

　　知識性服務較感官性服務有顯著差異，企業除了開發生理層次服務外，更需努力提升知識性資訊心理層次服務；後者較前者開發難度高，這也區分現代與過去消費者對服務需求的差異。

六、資訊服務——進階服務

　　資訊服務概分爲即時性資訊、常識性資訊和知識性資訊三種。

1. 即時性資訊：是指業者提供消費相關短期資訊，增加購買意願，例如：客房床上放著SPA按摩買一送一的訊息；消費結帳贈送折價券，吸引再次光臨。即時資訊有時效性，期限一過便自動失效。

2. 常識性資訊：目的地日常訊息，例如：氣候、溫度、交通、時差、標的物環境。

3. 知識性資訊：又可細分爲生活知識性、娛樂知識性、地方知識

性、休閒知識性、經濟知識性及思考知識性六種資訊。

(1)生活知識性：提供生活上的小智慧，解決生活上不方便，例如：咖啡渣可以除臭、明礬放在鞋內可以除濕。

(2)娛樂知識性：是提供消費者排憂解悶時的消遣，例如：電玩遊戲可以增加你腦袋對突發事件的反應力、影片介紹新事物或新產品。

(3)地方知識性：針對目的地的風土人情、社會習俗，是遊客立即上手的資訊。

(4)休閒知識性：在遊客停留期間，調劑身心活動。

(5)經濟知識性：經濟性服務永遠是消費者關注的焦點，經濟性資訊瞭解越多，消費者獲利越多。例如：某熱門股票公開抽籤，對有興趣者就是利多。

(6)思考知識性：又稱科學知識性，可增廣見聞、提升思考邏輯，例如：火星照片所代表的意義、地球暖化的骨牌效應，這些都是知識顧客的最愛。

品質篇

- 品質演進與種類
- 品質成本與衡量

第七章

品質演進與種類

- 品質演進與品質模型
- 品質種類

第一節　品質演進與品質模型

一、品質的演進

美國國家標準協會（American National Standards Institute）定義品質：「一種產品或服務具備滿足消費者需要的輪廓與特質」。品質是由製造業開始提出，服務業跟進形成自己的體系。品質管制觀念起源於Shewhart（修華特）開發統計管制圖，但統計的品質管制直到二戰後美國才廣泛應用。

(一)品質是檢驗出來的

以往產品都是生產者自己檢查，此一時期稱「作業員的品質管制」。19世紀末，科學管理派興起，品質把關漸由監督者負責，此一時期稱「領班品質管制」。隨著產品越來越複雜，產品由專業檢驗員來負責，此階段稱「檢驗員品質管制」。20世紀初期貝爾電話公司（The Bell Telephone System）最早建立品質管制，由西方電器公司檢查貝爾公司，但是檢查內容僅是指產品設計、製造與裝配方面，認為品質是檢驗出來的。

(二)品質是製造出來的

1940年代美國進入統計資料品質管制時代，作業人員也提高對品質認知，認為依據產品檢查結果回饋鏈進行改善，才能預防不良品發生，確立品質是製造出來的。

(三)品質是設計出來的

光從製造考量品質並無法解決產品離開工廠後品質，於是1950

年代品質是設計出來的觀點產生。美國二次大戰執行轟炸任務時，通訊常常發生故障，發現問題出在眞空管，但眞空管出廠是合格產品，爲何在飛機上使用就會故障呢？後又發現廠商只注重廠內品管，卻忽略了廠外品管。所謂廠外品質是指：產品的倉儲運送、使用階段。因此須在產品設計階段就先行規劃好，先把客戶需求考慮進去，這就是「品質是設計出來的」，並引申出「品質保證制度」（Quality Assurance）。

(四)品質是管理出來的

1950年代美國學者戴明（Edwards Deming）提出「品質是製造出來的」和朱蘭（Joseph M. Juran）提出「品質是一種合用性」，將品質的觀念與技術帶入日本。1960年代美國的費根堡（Armand Feigenbaum）提出「全面品質管制」（Total Quality Control）觀念，日本的石川馨（Kaoru Ishikawa）以「優良人力資源，建立工作品質」，克勞斯比（Philip Crosby）提出「品質零缺點，第一次就要做對」（王克捷，1988）。經由品管大師們的鼓吹，企業也認爲產品品質應該是全體員工共同參與，於是單位組成品質改善小組（Quality Improvement Team），此一時期稱「產品是管理出來的」。

(五)品質是習慣出來的

1980年代日本產品品質備受美國讚揚，美國發覺事態嚴重，1986年成立美國國家品質獎（Malcolm Baldrige National Quality Award, MBNQA），研究發現日本企業傳統優良，全員都有共同價值觀可充分反應在公司品質文化上。品質文化塑造，從訓練個人態度到個人行爲開始，最後造成組織變革，這種變革是由生活習慣養成的，這一時期稱「全面品質保證」（Total Quality Assurance）。「改善」是豐田汽車「及時製造」（Just-in-time manufacturing）代表作，如**表7-1**所示。

表7-1 品質的演進

年代	品質主張	主張內容	代表人物
1920s	品質是檢驗出來的	作業員品管	美國貝爾實驗室
1950s	品質是製造出來的	統計資料品管	戴明、朱蘭
1950s	品質是設計出來的	品質保證制度	美國工業
1960s	品質是管理出來的	全面品質管制	費根堡
1970s	品質是管理出來的	品質零缺點	克勞斯比
1980s	品質是習慣出來的	改善、即時管理	豐田汽車

二、品質理論大師

品質觀念由品質管理大師們大力鼓吹，將品質觀念深植人心，以五位翹楚為代表：

(一)戴明

承襲貝爾實驗室修華特（Walter Shewhart），強調品質是製造出來的，而非檢驗出來的；並推動「統計品管」技術，使日本擁有一流的競爭品質，被日本人尊為「品質之神」。他認為品質要針對顧客需要，用最經濟手段，製造出最有用的產品。有名的「戴明循環」（Deming cycle）或稱PDCA循環——規劃（plan）、實行（do）、檢核（check）、行動（act），指導日本企業改善作業流程，他強調研究、設計、生產、銷售活動之間不斷調整，對提高產品品質，貢獻很大。

(二)朱蘭

認為品質是一種合用性（fitness for use），即產品能夠滿足消費者需求。他首先提倡「顧客導向」的品質管理哲學，被譽為「品質泰斗」。

(三)費根堡

認為品質成本是維持品質的支出，以及未達品質的成本，包含預防成本、鑑定成本、內部失敗成本、外部失敗成本。他首創全面品質管制，指出全面品管企業內部門品質控制活動，以最經濟產出消費者需求的產品。

(四)石川馨

在《日本式品質管制》書中，他正式使用全公司品質管制（Company-Wide Quality Control）及品管圈（Quality Control Circle），他認為品管圈是一組團隊自動自發持續改善活動的小團體。全公司品管追求的不只是產品品質，更是服務品質，也是一種經營管理哲學。

(五)克勞斯比

是品質哲學家，極力反對統計品質中平均品質概念，認為那是鼓勵僥倖。他主張零缺點制度，提出「DIRFT」（Do it right at the first time）第一次就做對及主張品質四絕對（four absolutes）：(1)品質絕對合乎標準；(2)品質提升於事前預防，而非事後檢驗；(3)品質標準就是零容忍，不是可以接受的品質；(4)品質衡量要以非品質代價為準，而非以用統計比例來衡量。

三、服務品質模型

(一)PZB之前的服務品質

早期服務業對服務品質概念非常抽象，無法瞭解服務品質內涵，對服務的認知只知要對顧客好一點或給客人多一點，再不然就是服務

人員動作快一點。如何將看不見的服務，用科學的、邏輯的方法，轉變成看得見的服務，將「抽象質化現象」，轉變成「具體量化證據」對學術界的確是一項挑戰，直到PZB服務觀念模型出現，開始大幅提升服務業的服務品質。

(二)PZB品質概念性模型

包括服務業先進國美國在內，有系統研究服務理論的書籍亦不多見。首先將服務業之服務品質以量化方式呈現的是1983年Parasurman、Zeithaml和Berry三位美國學者，接著1985年，終於發展出「服務品質觀念性模型」。1988年，發表服務品質引申模型使服務品質研究有了完整的面貌，此模型取每人名字字首PZB而成。三人團隊圍繞在服務的三個根本問題：(1)什麼是服務品質？(2)發生品質問題的原因？(3)如何找、發現、解決這些問題來改進服務？

研究團隊對銀行業、信用卡公司、證券經紀商以及電器產品維修商四個行業的服務進行深度訪談，訪談、問卷、試問、修正、再試問、全面問卷、回收分析後，發現管理者與第一線員工間對於服務品質認知與消費者實際感受間存在五種品質差異。經由此PZB服務品質觀念性模型，能將服務品質問題以及改善方法，提供了科學驗證的方法。PZB服務品質觀念性架構如圖7-1所示。

(三)缺口說明

◆缺口一

企業認知消費者預期的服務與消費者自身預期的服務之間的差距；業者自認為提供給消費者的服務，就是消費者想要的服務，但若是業者想法錯了，那雙方的差距有多大？差距的大小就是缺口的大小。

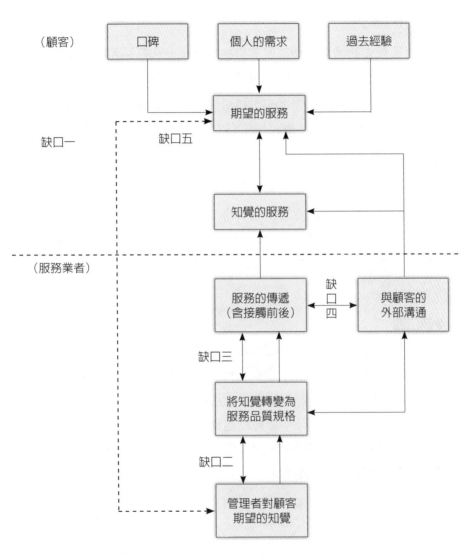

圖7-1　PZB觀念模型圖

資料來源：A. Parasuraman, Valarie A. Zeithaml, & Leonard L. Berry (1985). "A conceptual model of service quality and its implications for future research," *Journal of Marketing, Vol. 23*, No. 2, (Fall), 44.

◆缺口二

　　企業認知的消費者預期服務規格與企業能夠達到預期服務規格間的差距；業者自認為提供給消費者的服務規格就是他們想要的服務規格，但業者要做到這種程度的服務規格，與業者實際能夠做到的程度差距有多大？差距的大小就是缺口的大小。

◆缺口三

　　服務品質規格與服務傳遞之間的差距；業者自認為提供給消費者的傳遞服務就是他們想要的傳遞服務，但業者的想法與實際服務傳遞有無發生差距，若有，差距的大小就是缺口的大小。例如：餐點的新鮮度、器皿的清潔度、數量的正確度、地點的準確度等，都是服務傳遞時可能發生的問題。

◆缺口四

　　外部溝通與服務傳遞間的差距；業者自認廣告時讓消費者獲得的資訊內容，就是消費者心中想要的資訊，但消費者實際到場消費後所得到的內涵與業主廣告時提供的內涵可能會有差，若有，差距多大，缺口就多大。例如：「三十分鐘內送達」的廣告，顧客會有「三十分鐘內一定送達」的事前期待，業者果真在三十分鐘內送達，則服務傳遞與其外部溝通沒有差距，否則就是差距，雙方差距有多大？缺口就有多大。

◆缺口五

　　消費者預期的服務期待前與實際體驗後之間的差距；消費者消費前心中所想的服務與消費者實際得到的服務之間的差距，若有，事前事後的差距有多大，差距有多大，缺口就有多大。缺口五是缺口一至缺口四的函數，顧客期望高於認知服務，便會不滿意；顧客期望低於或等於認知服務，便會滿意。例如：飯店本來就應該提供乾淨且舒適

的房間給客人、航空公司本來就應該做好飛安、汽車保養廠本來就應該向車主解釋汽車故障的原因爲何、旅行社本來就應該提供旅客旅遊風險訊息。

　　總之，服務品質好壞要由消費者認定，認定的標準就是消費者使用前與使用後的差距大小。服務品質會受規劃、組成、傳遞、公關各階段影響，缺口五是其他四項的總結，缺口一至缺口四中任何一缺口有瑕疵，都會產生連鎖反應，直接衝擊缺口五，缺口五是總體報告。因此，服務品質絕非僅是要求員工表現要好，而是公司全體員工都要積極投入每一環節，由第一線員工將全體員工的努力傳遞給消費者，最後由消費者決定服務的好壞。

(四)服務品質構面

　　根據PZB研究小組成員對消費者集體訪談的結果，消費者評估服務品質因素時，發現有十項服務品質構面：

1. 可靠性（reliability）：一致性的服務表現及可信賴性，第一次就做好服務。顧客需求常被提及的爲可靠度，以技術觀點來解釋，可靠度是指在特定環境和時期內，產品根據預期狀況而運轉的機率。對大多數而言，可靠度即等於品質。

2. 反應力（responsiveness）：對事情的發生能迅速地做出正確的回應。

3. 勝任性（competence）：擁有提供優良服務的知識與技能。

4. 接近性（access）：也稱方便性。易於聯繫、易於服務消費者的方式。

5. 禮貌性（courtesy）：文雅、尊敬、體諒、友善之服務態度。

6. 溝通性（communication）：傾聽消費者所言，以消費者能瞭解的語言互相溝通。

7. 信賴度（credibility）：顧客需要值得信賴、衷心關懷他們的企

業或服務人員。

8.安全性（security）：免於危難、風險或免於身體、財物、隱私的顧慮。

9.瞭解性（understanding/knowing the customer）：瞭解消費者的需求。

10.有形性（tangibility）：服務的工具、設備，以及服務人員的儀態。

(五)影響服務品質因素

經過上述的探討，PZB三位學者發現影響服務品質的因素如下：

◆影響品質缺口一的因素

1.行銷研究導向（marketing research orientation）：資訊搜尋錯誤，與消費者預期有落差。

2.向上溝通（upward communication）：下情不能上達。

3.管理層級（levels of management）：組織階層設計不良。

◆影響品質缺口二的因素

1.管理者對服務品質的承諾（management commitment to service quality）：管理者規劃的品質可達到消費者預期。

2.品質標準設立（goal setting）：業者品質訂定標準與預期不合。

3.作業標準化（task standardization）：SOP環節出錯。

4.對可行性的認知（perception of feasibility）：管理者相信自己可以做到規劃的品質。

◆影響品質缺口三的因素

1.團隊合作（teamwork）：員工默契不足。

2.員工與工作整合（employee job fit）：員工是否放對位置。

3.專業與工作整合（technology job fit）：員工是否能勝任工作。

4.對服務掌握程度（perceived control）：員工被授權的彈性與範圍。

5.監督控制系統（supervisory control system）：監督機制與激勵措施。

6.角色衝突（role conflict）：員工無法扮演好工作角色。

7.角色模糊（role ambiguity）：員工不確定表現是否是管理層期望的。

◆**影響品質缺口四的因素**

1.水平溝通（horizontal communication）：內部平行單位對廣告溝通出現差異。

2.過度承諾的傾向（propensity to over promise）：廣告宣傳過於誇大，服務品質達不到廣告宣傳。

四、世界三大品質獎

(一)戴明獎（Deming Prize）

1950年7月，受日本科學家與工程師聯合會邀請戴明赴日本講學，他對日本戰後統計品質控制有巨大貢獻。日本認為戴明是幫助日本建立品質管理的創始者，使日本產品品質世界公認。戴明獎雖然誕生於日本，但現在已成世界品質獎項。

(二)美國國家品質獎（Malcolm Baldrige National Quality Award, MBNQA）

　　美國商業部長馬可姆・波多里奇（Malcolm Baldrige）推出國家服務品質模型。起因日本「全面品質控制」出產的產品勢如破竹在美國大賣，美國實地研究發現日本推行各項「全面品質控制」活動達二十年，產品嚴格品質管制到「零缺點」境界。「戴明獎」對於日本品質管理貢獻卓越，逼使美國1985年成立一個仿效「戴明獎」的「美國國家品質獎」，鼓勵企業不斷品質改進，經過向日本學習「品質管理」及不斷創新，使得今日美國競爭力世界第一。

(三)歐洲品質獎（European Quality Award, EQA）

　　受到日本戴明獎和美國國家品質獎的衝擊，歐洲認為有必要成立一個與美、日相抗衡的品質改進架構；1990年歐洲品質獎由委員會倡議，1992年10月在西班牙正式由國王頒發第一屆歐洲品質獎。從1992年至今，幾乎所有歐盟地區都遵循歐洲品質獎的方式；歐洲品質獎現已更名為歐洲質量管理基金會卓越獎（EEA）。

第二節　品質種類

一、品質系統

　　「品質系統」分為「管理系統」（management system）和「專業系統」（technical system）。管理系統部分就是將產品之各組成要素，經由管理方法如何組織起來之過程。這其中包含產品之設計、組織、

控制、人力資源以及協調。專業系統部分就是要保持產品從設計、製造、傳遞、使用過程中之品質一致性。其結構如**圖7-2**所示。

　　現代服務業服務對象大多是「人」，從心理學觀點，消費者對於業者產生好感或惡感，會以生活周遭「食、衣、住、行、育、樂」需求是否被滿足爲起點。服務品質分類繁多，我們將服務品質種類與「人」的「基本需求」介面相連，較能顯現出服務業的品質特性。服務品質是直接由消費者來決定服務的好壞，這種服務品質應該以各種

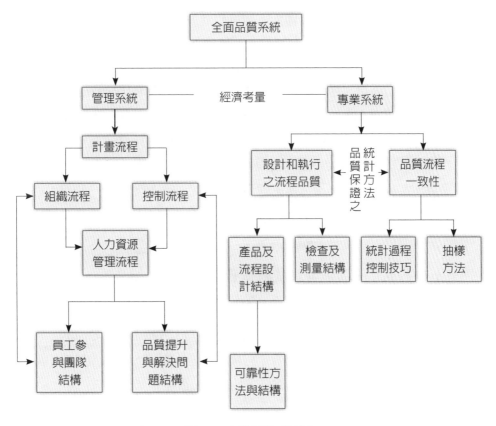

圖7-2　全體品質系統圖

資料來源：James R. Evans & William M. Lindsay (1991). *The Management and Control of Quality*, Bookland Co., p. 15.

官能品質來檢驗服務過程。

(一)安全品質

　　人類追求生活的基本目標先求「安全」，其次才談到舒適或奢華。我們稱此種品質為「安全品質」。旅遊半途發生事故身亡，家人會怪罪旅行社過失造成他們失去親人，這種「終身難忘」的服務品質，會讓人恨之入骨。保母疏於「安全」照顧使得嬰兒病痛不斷，父母是無法認同的。疏於管理造成客戶存款被盜領，客戶對銀行提供的「安全品質」絕對是負面的。醫院將病歷透露給不相干第三者知道，病患對「隱私安全」遭到侵犯必定會否定醫院一切服務品質。

　　航空製造業競爭激烈，美國Boeing公司和法國的Airbus公司，不但推陳出新更以速度讓地球村成形。波音公司的B747-400巨無霸客機載客量可達420人，B777則可達到550人；至於空中巴士公司的A380載客量將可達到800人。事實上，從旅客的觀點來看，航空公司的飛機再大、班次再密、載客量再多、速度再快，都比不上「安全」重要。某家航空公司接二連三地發生空難造成載客量下滑、股價大跌。因此，「安全」是企業永遠的目標。沒有「安全品質」一切品質都是空談。

(二)功能性服務品質與技術性服務品質

　　Brogowicz等人（1990）將服務品質分成「功能性服務品質」（functional quality）和「技術性服務品質」（technical quality）。技術性服務品質傾向人員技術、意願、溝通、環境、設備、科技知識；功能性服務品質則偏向無形的外型儀容、感官。

◆功能性服務品質

　　「功能性服務品質」是服務場所已經具備的品質，又稱「功能性外部服務品質」，如視覺品質、聽覺品質、嗅覺品質、味覺品質、觸

覺品質、膚覺品質。茲分述如下：

1. 視覺品質：消費者對服務場所及周遭環境見到的人、事、物之態度表示。顏色可說是內部裝潢影響消費者最強烈因素，Bellizzi等人（1983）研究發現，暖色系（紅、黃、橘色）較冷色系（藍、綠、紫色）能親近消費者。指從服務人員外貌、飛機內裝、建築型式外觀、物品的造型等硬體視覺均會影響視覺品質。

2. 聽覺品質：消費者對服務場所及其周遭的環境散播的聲音所產生的態度表示。Milliman研究消費者對慢節奏音樂較快節奏音樂喜好強、停留時間長，消費為高；冷氣雜音、飛機噪音、交談喧譁聲、手機鈴聲、視聽廣播設備、移動物品、汽車喇叭等，都是聽覺品質注重的重點。突發的噪音會讓周遭的顧客發怒，但是若噪音被迅速控制，則不快感會在噪音消失後散去。

3. 嗅覺品質：消費者對服務場所及其周遭環境散發出的氣味所產生的態度表示。Spangenberg等人（1996）研究氣味能產生放鬆、舒適、刺激效果，重要性越來越顯著。例如：地毯霉味、非吸菸區聞到陣陣菸味、洗手間異味、個人散發的體味等。更特殊的消費場所發出與服務產品毫不相干的味道，最明顯的就是餐廳、烘焙店、啤酒屋、PUB飄出燒香拜佛的味道，這絕對是一項「隱性失敗」重要因子。空氣中加入負離子可讓頭腦清新，加速思考能力。

4. 味覺品質：消費者對服務場所提供食品、飲料類的態度表示。對於服務場所提供的餐點飲料，在口感上的喜好程度，如食材的選擇、調味的手藝、飲料的純度、酒類的等級，直接影響味覺品質的好壞。由於消費者對口味的偏好不同，因此即使企業提供道地的佳餚或美酒，但是若不合消費者的口味，其結果也

是不會令人滿意的。例如：素食者進入清真館、對辣忌口者進入湘菜館。吃在中國，中國菜講究色、香、味；聞名遐邇的道地餐館，之所以能夠遠近馳名，就是因為它征服了饕客的味覺。

5.觸覺品質：消費者對於服務現場環境觸碰感受的態度表示。對於提供服務的環境來說，舉凡消費者可接觸到的有形物品，例如門窗、桌椅、寢具、衣物、浴品、餐具和電器設備等實體品質，均會影響消費者對企業的觸覺品質觀感。現代企業競爭激烈，企業認知設備保養更新，對提升消費者「觸覺品質」的重要，企業對不同等級服務，提供不同等級的設備與器皿。

6.膚覺品質：膚覺品質主要是對「熱」與「冷」的感覺；進入旅館大廳覺得熱表示旅館可能要省電或冷氣壞了，這是一種服務品質。「熱」與「冷」都還要在溫度、濕度、氣流條件下互動；旅館熱但是通風情況良好，會降低熱的感覺。長時間在寒冷環境中會使血管收縮，減少血液流到皮膚表面，皮膚表面缺少血液循環保持溫度，皮膚末端（手腳）會感覺麻痺，外加強勁的氣流，情況更糟。

◆技術性服務品質

「技術性服務品質」是服務人員與消費者互動的品質，又稱「技術性互動服務品質」，如服務人員品質、顧客品質、設備品質、空間品質、時間品質、綠色品質、意願品質。茲分述如下：

1.服務人員品質：各項服務都需要服務人員執行，支援人員之品質也會間接影響服務品質。企業經營最重要的品質就是人員品質。根據統計顯示，企業的人力資源素質好壞，能夠造就企業產值最高達到85%的效益。

2.顧客品質：企業在生產服務的同時，顧客就在使用服務。顧客品質直接影響服務品質表現，歐美日本先進國家顧客，相較於

開發中國家顧客，由於國家民主化較發達，服務時與他們較易溝通，這是社會成熟度與經濟發達度使然。

3.設備品質：設備新穎先進，必含有相當程度技術成分在內，服務人員訓練操作越成熟，與顧客互動時越能讓顧客產生好感，增加互動效果。

4.空間品質：消費者依據自己經驗解讀空間品質的態度表示。場地太小卻擠進太多客人；桌椅間距、走道寬窄、天井高低等都是空間品質內涵。根據機內調查報告顯示，旅客最需要的服務是旁邊的空位，則旅客對服務滿意度會增高。7-11與全家超商二代店主打的就是空間品質，空間寬敞明顯增加來客數。

5.時間品質：速度就是時間，時間就是品質。消費者越來越不耐久候，針對消費者對時間品質的嚴苛要求，設計最省時方式，降低消費者久候抱怨的可能。因為服務人員或企業為消費者節省時間，消費者對個人或企業提供服務「時間品質」滿意的可能性會提高。

6.綠色品質：環境汙染造成人類居住品質下降，物種大量滅絕，物質過度使用，讓人思考回收再利用的可能。ISO-14001（環境管理系統及規格指南）就是世界性環境保護品質標準，消費者要求業者對環境保護的重視，餐飲業界使用再生紙製品取代汙染環境的保麗龍材料；裘衣企業因消費者抗議而關廠；服務業設計產品或服務時，須考量在地利用、資源回收觀念，現代企業若能將環保品質觀念融入產品中，將是市場競爭的利器。

7.意願品質：消費者參與服務過程互動的意願，是服務功能完整因素之一。消費者是中性參與、正面參與、負面參與都會直接影響服務品質的產出。

綜合上述十三項顧客關心的品質如**表7-2**。

表7-2　服務品質種類

功能性服務品質	技術性服務品質
1.視覺品質	1.服務人員品質
2.聽覺品質	2.顧客品質
3.嗅覺品質	3.設備品質
4.味覺品質	4.空間品質
5.觸覺品質	5.時間品質
6.膚覺品質	6.綠色品質
	7.意願品質

二、維護品質

「維護品質」又稱「內部品質」；消費者是外部顧客，員工則是內部顧客，企業提供外部顧客服務，企業也要提供內部顧客的服務。「內部品質」是「外部品質」表現的支撐，也就是企業提供員工在選、任、訓、留四個方面的品質，其包含：

1. 員工福利：除了基本薪資外，尚有法定福利、企業福利。法定福利包含老年給付、失業給付、醫療給付、公傷給付；企業福利包含誤餐費、生日三節禮金、健康檢查、有薪年假、年終獎金、股票分紅。

2. 教育訓練：降低企業人員流動率、經營損失與浪費，提升競爭績效。

3. 員工激勵：企業制度化功能之一，包含精神激勵、薪酬激勵、榮譽激勵、工作訓練激勵。

4. 領導溝通：功能在於消除歧見，增進瞭解，增強組織凝聚力，提高組織成員參與意願，促進績效。

5. 升遷管道：營造組織公平、公正、公開的競爭升遷機制，對維護品質意義重大。

第八章

品質成本與衡量

- 品質成本
- 品質衡量

第一節　品質成本

一、前言

　　企業無不在努力希望降低品質錯誤的發生，最好能做到零缺點，但零缺點也不盡然能讓消費者滿意。當汽車廠商努力做到外型與色彩零缺點，但消費者卻挑剔引擎與油耗，則汽車外型與色彩零缺點的意義不大。導演處理外景完美無缺，但可能觀眾並不捧場而賣座不佳。我們要談到另一種品質的心智模式，它包含下列五種：服務業經理人至少擁有一種以上的心智模式。茲分別敘述如下：

二、品質心智模式

1. 「維持現狀」說：品質在我們公司裡，根本不是問題。我們有最優秀的人才，我們的服務與產品不輸給其他任何公司，我們一直保持如此的水準。

2. 「品質管制」說：產品或服務在到顧客前，都經過嚴格品管找出錯誤並修正。每位員工為自己責任負責，現代的品管技術更容易追蹤員工錯誤並及時矯正。

3. 「顧客服務」說：品質就是傾聽顧客聲音，盡快為他們解決問題。任何產品和服務都會有瑕疵，所以我們有免付費客服24小時待命，這就是「以客為尊」。

4. 「流程改善」說：品質就是運用統計、流程改造和其他品質工具，解決流程、服務中的不一致，團隊致力於改善作業。

5. 「全面品質」說：品質就是改變我們的思考模式、合作方式、

價值觀，全體通力合作，生產完美無缺、提高附加價值的系統；這個系統融合品管、客服、流程改善、供應鏈管理、社會互動，學習型組織就是最好的例證。

每種心智模式都代表不同的企業文化，如「品質管制」的經理會站在員工背後督導，單獨做決定，「流程改善」的經理讓員工負責重新設計流程。組織愈願意培養人力資本的經理，就愈接近「全面品質」心智模式。全面品質的心智模式屬於「轉型」式，把品質當作持續性的修練，讓組織根本上脫胎換骨；其他品質的心智模式屬於「計畫」型。

三、產品品質失敗

服務業成功與否，物流管理（logistics management）極為關鍵。不論提供旅客機內侍應品是否短少、提供客房設備是否故障、超商提供牛奶是否新鮮、通訊系統公司提供通話品質是否清晰、快遞公司運送貨品是否破損，完全牽涉物流管理。產品交到消費者手中若有上述瑕疵，就是失敗的服務。失敗服務與下列各項物流管理有直接或間接關係：

1.產品複雜度：構造複雜產品較構造簡單產品容易故障。
2.零件材質：零件材質優劣影響產品品質；金屬較塑膠堅固但價錢較高；玻璃較塑膠質感高但容易破損。服務業挑選物品材質，一體兩面有時很難取捨。
3.環境狀況：不可忽視環境對品質的影響，如溫度對於食品、電器，溼度對於電腦、服裝；帶鹽分空氣有腐蝕性、音樂廳旁的修車廠、餐廳旁的垃圾場等，都說明環境對品質之影響。
4.所受壓力：產品要有抗壓、抗溫、抗摔、抗捏、抗時間等能

力；毛毯可疊在一起抗壓，但毛裘就不可疊在一起；奶粉可以抗高溫，但牛奶就不可以；樹脂餐盤耐摔，但陶瓷餐盤就不可以；饅頭可以抗捏，但蛋糕就不可以。

四、品質成本

購買產品要花成本，維護品質亦不例外。服務過程的產品品質會有下列四種成本：預防成本、鑑定成本、企業內部失敗成本、企業外部失敗成本。

(一)預防成本

1.物品部分：品質等級規劃、產品開發、製程研究、產品修正，如ISO9001或ISO14000費用。
2.員工部分：甄選、進用花費；正職、兼職、計時員工一體適用。

(二)鑑定成本

1.物品部分：進料檢驗測試、出廠檢驗測試、產品稽核、儀器維護、庫存評估。
2.員工部分：甄選、任用、晉升、留任各階段鑑定成本。

(三)企業內部失敗成本

1.物品部分：服務設計與實務不合、採購產品與環境不配、產品測試效果不佳、型號規格與預期不符。
2.員工部分：資遣與開除、冗員縮減、組織縮編、勞資糾紛。

(四)企業外部失敗成本

1.物品部分：售後維修、客訴回應、換貨退貨。

2.員工部分：員工破壞公司形象、勞資調解、勞資告訴。

品質管理大師朱蘭把品質與成本之間的關係分為兩項：

1.產品基本特性：此類會增加成本。
2.免於缺失特性：此類會降低成本。

五、服務業品質低落原因

隨著服務業興盛，服務品質低落的論調時有所聞，學者認為服務業品質低落原因，大致有下列六點：

1.注重「量」的增加，忽略「質」的提升。
2.人力短缺服務經驗無法累積。
3.工時過長、待遇、福利偏低，留人不易。
4.服務人員服務理念欠缺，反映在服務品質會遭致抱怨。
5.顧客不敢期望過高，自動降低對服務品質期望。
6.服務控制品質一致化難度高。

 # 第二節　品質衡量

一、品質衡量效標

設計問卷時我們討論「組織文化」、「顧客滿意」、「同理心」這些抽象變數時，每個人看法都不太一樣，將雙方歧見、共識整合成一綜合體要靠「效標」（criteria）。

人會有看法偏差，效標也不例外。我們認定「客觀效標」，如產量、年齡、薪資等固定變數容易，因為他們可以量化。但在認定「主

觀效標」，如內部行銷、組織文化、顧客滿意等變動變數就比較難，因為他們不能量化。在討論「主觀效標」得出的結論，改天別人加入討論可能又有新結論；所以理論上完美「主觀效標」在實務上是不可能出現的，因它會產生「效標不足」（criterion deficiency）。

效標不足就是兩個相交圓圈之外（不重疊）的部分，也稱為「效標混淆」（criterion contamination）又稱偏誤（bias）；「效標關聯」（criterion relevance）是指兩圓圈重疊相交之內（重疊部分）。重疊的部分是大家討論出共識的部分，不重疊的部分就是看法分歧的部分。重疊範圍越大關聯性越強；所以圓圈越重疊、效標越強，這是在設計問卷時要考慮的問題。

二、信度與效度

問卷填答時，在相同條件情況下，不斷重複測試同一批人的回答應該都是一樣的叫做「信度」（reliability）。同一批人答對的比例有多少叫做「效度」（validity），也就是答題的準確性高低。用射箭來比喻，大家都朝同一方向射叫做「信度」，亂射比例高、信度就低；大家射的箭落在標靶上有多少叫做「效度」，準確度低，效度就低。

三、品質衡量

企業在做內部績效考核時，對於如何判斷服務品質好壞，要有一套衡量服務品質方式，否則評量標準公信力被懷疑，對於企業競爭力會產生負面效果。

(一)ISO9001服務品質管理系統（Quality Management System, QMS）

ISO（International Organization for Standardization ）9001對服務業而言，具備兩種意義：(1)提升服務過程品質，滿足顧客需求；(2)整合

內部管理機能（包含業務、管理、企劃、採購、研發），提升營運績效。ISO9001共分為五個步驟：

◆步驟一：**顧客導向**

　1.QMS必須經過一連串品質流程和反覆不斷的持續改善。

　2.QMS是以顧客導向為出發，強調顧客滿意的重要。

◆步驟二：**管理階層**

　QMS認為企業主必須對品質管理的成敗負最大責任，並採用合適的資源改善，如提供足夠教育訓練經費教導員工，同時應訂定品管目標，提供足夠資源滿足員工操作。ISO9001第五章詳細規定企業主是否擬定良率目標？責任區分配？指定專人負責品管？

◆步驟三：**資源管理**

　1.為達品質穩定度，企業主應洞悉市場脈動，將經費最適投入規劃，行銷部門多少？研發部門多少？人事成本多少？這是QMS很重要一環。

　2.QMS探討焦點還是在品管部門，並沒有牽涉到預算資源。實務執行在ISO9001第六章詳細規定企業必須執行哪些人力和設備資源配備，才符合ISO要求。

◆步驟四：**產品實現**

　1.QMS認為若不經過前三個步驟，包含市場需求、領導者規劃目標、分配人力與設備資源，則企業的產能不是滯銷就是庫存。

　2.QMS就實務面來說，ISO9001第七章詳列訂單是否審核正確？研發過程之注意事項？原物料採購是否有先評估？

◆步驟五：測量分析改善

　1.QMS認為生產完畢，第五步驟要隨時檢驗產品製程，執行不良
　　率檢驗，發現問題立即改善。

　2.最後，第八章詳細規定企業必須執行哪些工作才符合ISO要求；
　　包含有無顧客滿意度調查？不良品檢驗？不良品後續如何處
　　理？

(二)六標準差（Six Sigma）

◆六標準差的定義

　　1990年摩托羅拉面臨日本企業的侵蝕前途黯淡。在摩托羅拉通訊
部門的費雪（George Fisher）提出一項嶄新的做法——六標準差。原
本預估五年改善十倍，後來兩年內就成長十倍。再推行了兩年便得到
國家品質獎。推行六標準差十年後1999年公司轉虧為盈。奇異（GE）
是第一家推行六標準差的服務業公司。「六標準差」的定義有下列四
個：

　1.工程師和統計師微調（fine-tune）產品和流程。

　2.近乎完美地達成顧客要求，如**表8-1**所示（每百萬操作中僅有3.4
　　次失誤，準確率達99.99966%）。

表8-1　六標準差表

良率	每百萬次誤差數	標準差
30.85	691,500	1
69.15	308,500	2
93.32	66,800	3
99.38	6,200	4
99.997	230	5
99.99966	3.4	6

3.讓公司達成完美顧客滿意度、更高獲利率、更佳競爭力，企業
　文化徹底改善。

4.爲全面性彈性系統，可獲得、維持和擴大企業成功。

◆實施六標準差的主旨

服務性企業實施六標準差的六大主旨：

1.眞心以顧客爲尊。

2.管理依據資料和事實而更新。

3.流程管理和改進。

4.主動管理。

5.協力合作無界限。

6.追逐完美零容忍。

◆六標準差操作

六標準差的改進模型DMAIC是由PDCA（規劃、實施、查核、處置）改成DMAIC（界定、衡量、分析、改進、控制）五階段。這是在流程設計／再設計的工作上使用。

◆六標準差讓服務更具挑戰性

六標準差讓服務更具挑戰性之原因：

1.無形的工作流程。

2.工作流程和程序演進。

3.缺少事實資料。

4.欠缺搶先。

◆六標準差行動步驟

六標準差行動步驟，必須經過三個坡道（企業轉型坡道、策略改進坡道及問題解決坡道）和五大指標（界定、衡量、分析、改進、控

制），分述如下：

1.確認核心流程與關鍵顧客（企業轉型坡道——界定）：

　(1)界定核心流程。

　(2)界定產品定位與關鍵顧客。

　(3)界定高層核心流程。

2.界定顧客需求（策略改進坡道——衡量）：

　(1)蒐集顧客資料訂定對策。

　(2)訂定績效標準。

　(3)訂定優先順序。

3.衡量現有績效（策略改進坡道——分析）：

　(1)分析顧客需求底線。

　(2)訂定誤差底線。

4.排定執行優先順序（問題解決坡道——改進）：

　(1)解決方案出爐。

　(2)依序改進工作流程。

5.六標準差流程設計／再設計（問題解決坡道——控制）：

　(1)發現問題再設計、調整。

　(2)再進行新工作流程。

6.擴充並整合六標準差系統（問題解決坡道——再控制）：

　(1)繼續執行衡量行動。

　(2)繼續改進流程管理。

　(3)繼續執行循環管理邁向六標準差。

(三)改善（Kaizen）

◆改善起源

豐田的大野耐一所設計的豐田式生產制度，這個制度具備兩個基

本特色，即「即時生產作業觀念」與「自動化」。顧客的品質要求經轉化而成工程要求與生產要求，他歸納出生產過程中可能產生的七種浪費如下：

1.產量過剩。

2.機器待命時間過長。

3.搬運上的浪費。

4.加工上的浪費。

5.存貨上的浪費。

6.動作的浪費。

7.瑕疵品所造成的浪費。

◆改善方向

　　所有改善的活動都有一個共同的特徵，那就是先獲得公司員工的支持，重視過程就是重視努力。因此管理人員應該建立一個能夠獎勵員工努力工作的管理制度。高階管理改善在設計方法的運用，基層人員改善在分析方法的運用，這些還需要管理人員不斷地改善勞資關係。

1.強調教育訓練。

2.培養員工領導能力。

3.推行品管圈活動。

4.支持與承認員工改善的努力。

5.讓工作成為員工追求生活目標的地方。

6.員工社交與工作結合。

7.訓練作業人員溝通能力。

8.維持工作紀律。

◆改善重點

改善的盡頭蹦出創新,創新之後隨即進行改善。創新與改善是過程中一體兩面,改善會提高現狀附加價值,但無法改變現狀。當改善的邊際價值低落便該向創新挑戰,企業主的職責就是永遠改善,不忘創新。企業改善重點有下列八項:

1.品質的確保。
2.成本的降低。
3.產品目標的達成。
4.定期目標的達成。
5.安全。
6.新產品的發展。
7.生產力改善。
8.供應商的管理。

◆改善層次

組織改善依複雜度分為三個層次:

1.管理導向的改善。
2.團體導向的改善。
3.個人導向的改善。

推行改善活動必須由上而下,改善建議則必須由下而上,因為基層員工最瞭解問題,也最有資格提出具體的建議。換言之,下屬提出上級支持。

◆改善與創新比較

改善不需要很複雜的技術,只需在過程中或產品上做微調;而創新則常常需要做根本的改變。改善是人員導向,創新除了人員導向外

還需要技術與資金導向。改善與創新還有差異在適用時機；低成長時代宜採用改善的觀念，高成長時代則較適用創新的觀念。**表8-2**將創新與改善作進一步的比較。

表8-2　創新與改善的比較表

創新	改善
創造力	適應力
個人主義	團隊導向
專家導向	通才導向
注重大的變動	留心細節
技術導向	人員導向
資訊為封閉私有的	資訊為開放分享的
功能部門別導向	奠基於現有科技
直線幕僚組織	跨功能組織
有限的回饋	完整的回饋

　　由**表8-2**可得知改善在生產到行銷階段，創新在科學到技術階段，這種差異在東西方社會可以看到。西方教育強調個人創造力，日本教育強調和諧與集體意識。

PART 4

管理篇

💬 企業管理研究與學術管理研究

💬 人力資源管理

💬 顧客抱怨與品牌忠誠

第九章

企業管理研究與學術管理研究

- 企業管理及運作機制
- 學術界研究與企業界研究

 第一節　企業管理及運作機制

一、管理沿革

(一)前言

　　自從有了人類歷史就會有管理上的問題，管理就是做決策。因為人是社會的組成分子，管理問題的產生乃是一種文化演進的結果，人們所從事的生產活動都是集體進行的，要組織和協調集體活動就需要運用方法來達到預期的目的，這些經過精心規劃的過程就叫「管理」。管理乃是透過他人去完成目標的過程，因為管理思想隨著近代工業生產力的提高而發展，隨著人類社會生活的改進而進步，到了19世紀末形成了真正意義上的管理科學，管理乃是人類社會為了適應、解決及滿足某種當時需要所產生出來的。綜觀管理思想的萌芽時期，發生在19世紀以前，而進一步可劃分為「工業革命以前」和「工業革命時期」。

(二)工業革命以前

　　在工業革命前，是屬於農業社會型態，由於沒有誘因來刺激農業社會在管理理論上的改變，基本上沒有形成系統的管理思想和管理理論，但是管理的實踐活動卻取得了驚人的成果，例如：在西元前5000年左右，古代埃及人建造了世界七大奇蹟之一的金字塔，如此巨大工程不僅需要技術方面的知識，更重要的是管理技術的經驗。此外，我國古代許多偉大的工程，如萬里長城與都江堰的管理技術實踐，也提供了豐富的管理思想與方法的醞釀。值得一提的是《周禮》，它是一

部論述國家政權職能的專著，是對古代國家管理體制的理想化設計，它包含政治、經濟、財政、教育、軍事、司法等各方面，在許多方面都達到相當高的水準，從而又推動了管理思想的發展。

(三)工業革命時期

工業革命時期，隨著管理的主要研究對象——「組織」，在管理實踐活動終於日益受到重視，管理思想和理論才逐漸形成發展起來。因此工業革命時期成為我們研究和探討管理理論的分水嶺，工業革命使生產力有了較大的發展，隨之而來的管理思想的革命。管理是在計畫、組織、用人、領導、控制等組織機制，計畫性的運用上述各項機制達到組織的預定目標。企業規模不斷擴大，產品的複雜程度與工作專業化程度日益提高，企業管理人員從繁雜的日常工作中擺脫出來，專門從事既是一門科學也是一門藝術的管理。

英國亞當‧史密斯（Adam Smith）的《國富論》（*The Wealth of Nations*）闡述資本主義政治經濟學原理，為資本主義的發展奠定了理論的基礎。被稱為「管理之父」的泰勒（Frederick W. Taylor）認為：

1.科學管理的精神是要求勞資雙方都必須進行重大的觀念革命。
2.科學管理的最終目的是提高生產效率。

其後的管理大師們相繼提出個人對管理的獨特看法，帶動與提升近代管理的觀念與方法，其重要思想有下列幾點：

1.將經營與管理的概念加以區分，並最終構築成一個完整的理論體系。
2.管理活動包括：規劃、組織、用人、執行（領導）、控制等五個階段進行分析與研究。
3.費堯（Henri Fayol）經過長期的管理經驗，提出了管理界十四項

管理原則。

二、企業管理機能

企業面對內部各部門、各組織間的每日例行管理公事，必須要有一套制度化機制運作，才能達到組織要求的目標。企業管理機能有五個：規劃、組織、用人、執行（領導）、控制。各單位分別依附在五項機能下，推行企業交代的任務。詳細說明如下：

(一)規劃（planning）

要從事的第一步驟就是規劃。班級決定去旅遊，首先要規劃的有：總共有多少人去？什麼時候去？要去多久？利用什麼交通工具去？玩些什麼地方？在哪裡用餐？住在什麼地方？每人花費多少錢？萬一不能成行，有無替代方案等。

(二)組織（organizing）

全班要玩這麼長時間，總務、採購、交通、安全、聯繫、公關、醫療等的任務分配，要分成幾組、各組負責人、如何討論、安全考量、公關對象、緊急醫療編組等，都需要事先組織。

(三)用人（staffing）

組織分組完成，接下來要考慮各組負責人，由誰來擔任才能人盡其才。精於數字觀念的人，適合總務；個性外向的人，適合公關；有學過護理課程的，適合醫護。對的人要擺在對的位置，才能發揮最大的效果就是用人。

(四)執行（acting）

事情要執行才能分辨成敗。領導執行計畫者是核心人物要懂得

溝通、協調：交涉談判、思考決定，都需要頭腦清晰、當機立斷的領導，否則多頭馬車、各說各話。

(五)控制（controlling）

管理機能前四項操作過程的目的就是要控制成果。企業在管理時，利用規劃、組織、用人、執行四項功能，最終控制員工工作績效，朝企業獲利方向前進。

三、企業經營機能

企業經營具備五種基本機能，五種機能互相配合使企業向外競爭對內控制：

1.生產管理。
2.行銷管理。
3.人力資源管理。
4.財務管理。
5.研究與發展管理。

本書是探討服務業管理的專書，服務業是行銷管理的內涵，所以必須要繼續深入探討行銷管理。

(一)行銷管理

行銷機能管理（行銷導向）的觀念演進，包括：

1.生產導向觀念（product-oriented concept）：生產導向的產品認為不論生產多少都能銷售，追求產量與效率。
2.產品導向觀念（production-oriented concept）：產品導向認為只要生產品質優、性能好的產品，市場就會接受品質高產品。

3.銷售導向觀念（selling-oriented concept）：銷售導向認為產品要多促銷才會有成效，例如推銷保險經常忽略消費者負面觀感。

4.行銷導向觀念（marketing-oriented concept）：行銷導向認為先要確定目標市場，在目標市場要比競爭者更能滿足消費者的預期。

5.社會行銷導向觀念（social marketing-oriented concept）：社會行銷認為產品不僅要滿足目標市場需要，更要回饋社會，達到公司、消費者、社會間平衡。

行銷管理包含：分析市場機會、選擇目標市場、訂定行銷組合、管理行銷組合，如圖9-1所示。

(二)行銷組合

◆行銷組合4P

行銷組合包括4P——產品（product）、價格（price）、通路（place）、促銷（promotion），分述如下：

1.產品：消費者導向的行銷，產品設計開發要有消費者參與，才能設計開發出消費者滿意的產品。企業設計出洗澡擦洗背部的刷子，長長把柄有精美的刷子，市場反應產品使用不便原因：(1)長柄刷擦背力道不足；(2)手上沾有肥皂無法握住把柄擦背；這是典型產品開發失敗案例。

圖9-1　行銷管理程序圖

2.價格：產品銷售就是要獲利，產品的生命週期，開發期、成長期、成熟期、衰退期。產品屬於什麼階段對價格有絕對影響。年前國內興起「霜淇淋旋風」大賣，價錢不斷攀升，後續企業爭相投入行銷，短短六個月內由明星產品變成乏人問津。

3.通路：國內某便利商店，連虧十一年，目前連鎖門市超過5,000家，通路遍及全台。21世紀的商業競爭模式，通路為王。

4.促銷：社會進入低成長、高失業，企業獲利也進入了「微利時代」。消費者一擲千金的場面已不復見，取而代之的是個個精打細算，算計錙銖，企業若不降價促銷，則銷路低迷不振；反之，任何減價活動，門前車水馬龍人潮洶湧。

◆行銷組合4P2C1S

威斯康辛大學教授Berry認為現代行銷組合除了4P（產品product、價格price、通路place、促銷promotion）外，還有一個S，代表行銷組合的服務（service），以及兩個C代表顧客敏感度（customer sensitivity）和顧客便利性（convenience）。

1.顧客敏感度：顧客感受消費服務過程的互動性。
2.顧客便利性：易於購得、方便及銷售。
3.服務：售前服務、售後服務及顧客取得服務的便利性。
4.產品：產品品質、可信賴度與特色。
5.價格：索價、訂價條件及開價。
6.通路：供應商的便利與設施、訂價條件、顧客易於購得。
7.促銷：廣告、公關、銷售、優惠。

上述七大要件中，對顧客來說顧客的便利性非常重要，但對業者則是顧客敏感度是關鍵。此項特質的具備，除了服務人員需要有服務特質外，尚需要經驗的累積與博學的知識，才能在正當的時機做出正

確的判斷。當市場已經不接受60元的便當，餐飲業者便要順應市場調整價格，才能繼續生存。

(三)生產管理

亦稱作業管理，負責管理公司對生產物品或提供服務所需的直接生產資源。包括：物料採購、存貨管理、生產安排、品質管制、設備維護。生產管理要素5P包括：人員（people）、零件（parts）、工廠（plants）、製程（process）、規劃與控制（planning and controlling）。科技進步使得生產效率大幅提高，電腦輔助設計（CAD）和電腦輔助製造（CAM）、數位化資訊、機器人，生產現場「少人化」、「自動化」增加管理的效率。

(四)人力資源管理

人力資源管理包括人力規劃、招募遴選、教育訓練、員工福利、績效考核、激勵溝通、薪酬計畫、勞資關係等。中國大陸崛起，國內廠商絡繹不絕前往投資設廠，國內企業招募出現空窗，因為企業並未做好人力資源規劃工作，國內年輕勞動力成本相對於大陸競爭力不足。年輕層失業比例最高，人力資源管理關係到企業甚至國家盛衰。

(五)財務管理

企業從事營運所發生的財務活動，財務管理有三個機制：

1. 財務規劃：主要是每年財務預算，決定來年公司要做的事務。規劃財務槓桿分析盈虧後就是公司各部門的財務預算。
2. 財務控制：主要是協助主管達成財務目標。評估財務績效並與財務目標做比較，如有差異就要設法彌補。財務控制有許多可行的方法，如成本控制、費用控制、存貨控制。
3. 財務改善：改善財務有許多方法，例如降低成本、採購新設備

以提高生產力、加速發貨單的處理、開發新產品以增加營收、併購其他公司等。

(六)研究發展

企業利潤來自於不斷創新，企業為求生存必須不斷地研究發展，包括技術研究、產品開發、製程改良、市場開發、策略聯盟等。當產品上市時就必須開始二代產品研發，推陳出新是企業獲利要素之一。互聯網與物聯網讓企業發展空間頓時爆發，網路經濟與生活息息相關。

知識經濟時代的企業管理，不管是生產製造研究、行銷通路研究、人力資源研究、財務管理研究，每一環節都是企業成敗的關鍵。

四、企業經營兩大引擎

企業在市場上競爭靠的就是對內的企業管理機能（規劃、組織、用人、執行、控制）與對外的企業經營機能（行銷、生產、人力資源、財務、研究發展）兩大引擎互相配合，相輔相成。企業進行行銷管理機能時，其他四項經營機能均要配合行銷機能運作；亦即如何規劃行銷、如何組織行銷、如何用人行銷、如何執行行銷以及如何控制行銷（圖9-2）。

策略

企業 管理	行銷	生產	人力資源	財務	研究發展
規劃					
組織					
用人					
執行					
控制					

圖9-2　企業經營兩大引擎

第二節　學術界研究與企業界研究

一、學術界研究的差異與管理研究在學術界、企業界的差異

(一)學術界研究的差異

◆自然科學界研究與社會科學界（服務業）研究的差異

①自然科學研究的結果是「檢驗測量」出來的

　　學術研究範圍包含自然科學學術研究與社會科學學術研究，自然

科學研究對象多以自然、氣候、地理、物質等為主；研究方法多以儀器測量檢驗為主，儀器準確度已經達到「奈米級」層次。換句話說，自然科學研究結論是儀器測量出來的，精準度並不會因人員、地區、文化、語言、種族等變數不同，而有所差別，其結論「放諸四海皆準」。

②服務業的研究工具

　　社會科學的學術研究對象主要是以「人」為核心，環繞在人周邊的家庭、企業、組織、國家、社會、文化、政治、教育、關係、心理等無法用儀器檢測出來的議題。服務業是社會科學企業管理的分支，社會科學研究的研究工具基本上是用「問卷」或「訪談」方式進行。問卷衡量普遍採用的方法是李克特（Likert Scale）五點尺度、七點尺度的量表。服務業學術研究結果的精準度會因為研究嚴謹度或答題人員在性別、教育、地區、文化、語言、種族等不同，研究結論也不盡相同。換句話說，社會科學研究結論無法準確到與自然科學研究結論準確度一樣「放諸四海皆準」。那麼，服務業的研究是用什麼標準來測量準確度呢？剛剛提到服務業研究測量的方法（儀器），多是用李克特量表採用問卷方式測驗的，現用下面的例子來解釋。

③服務業研究結果是「互相比較」出來的

　　我們要比較A、B二家企業「服務品質」的好壞（**圖9-3**），因為顧客還未在該企業消費，所以還沒有經驗該企業的服務到底是好還是壞，所以在沒消費之前兩家「顧客期望的服務品質區」大小是一樣的，差異就在「容忍服務差異空間」大小：

1.若消費者「容忍A公司員工服務的差異空間」大，那「顧客實際
　　體驗A公司服務品質區域」較B公司小；即顧客得到A公司的服
　　務比B公司少，那是因為A公司的服務太鬆散。

A公司提供顧客服務品質區間	B公司提供顧客服務品質區間
顧客期望「A」公司的服務品質區	顧客期望「B」公司的服務品質區
可容忍「A」公司 服務差異空間（寬路面）	可容忍「B」公司 服務差異空間（窄路面）
	顧客實際體驗「B」公司服務品質區域
顧客實際體驗「A」公司服務品質區域	

圖9-3　顧客期望服務品質與體驗服務品質差異

2. 若消費者「容忍B公司員工服務的差異空間」小，那「顧客實際體驗B公司服務品質區域」較A公司大；即顧客得到B公司的服務比A公司多，那是因為B公司的服務很紮實。

　　我們再用機車路考為例來解釋說明A、B兩公司「服務品質」的好壞。我們都知道在路面較寬的馬路騎機車，會較路面較窄的馬路騎機車容易，機車騎士騎慣了較寬路面，一旦轉換到較窄路面上，難度一定增高。窄馬路駕控難度一定大於寬馬路駕控難度，這是常識。同理，上述研究結果「A公司平行線寬是寬馬路，B公司平行線窄是窄馬路；寬馬路表示A公司服務品質差、誤差大；窄馬路表示B公司服務品質好、誤差小，這就比較出A、B二家服務品質的強弱了」。

◆永無止境的服務品質追求

　　服務業有「異質性」特徵，就是同樣星期一，同一個人在不同的分店做同樣的服務，他的服務品質就可能不太一樣。有一種服務叫做「海豚服務」（dolphin service），海豚游上、游下好像在二條平行線間上下移動一樣。每一企業都會要求服務品質上下浮動範圍越窄越好，我們常聽到企業負責人說：「我們要追求永無止境的服務品質」，就是這個道理。

　　「服務品質只有下限，沒有上限；服務品質只碰得到地板，永遠碰不到天花板」。在服務業，每一家服務SOP都不一樣，但對他們來

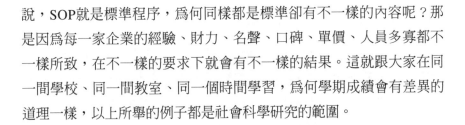

說，SOP就是標準程序，爲何同樣都是標準卻有不一樣的內容呢？那是因爲每一家企業的經驗、財力、名聲、口碑、單價、人員多寡都不一樣所致，在不一樣的要求下就會有不一樣的結果。這就跟大家在同一間學校、同一間教室、同一個時間學習，爲何學期成績會有差異的道理一樣，以上所舉的例子都是社會科學研究的範圍。

二、管理研究在學術界、企業界的差異

(一)企業實務研究與大學學術研究的差異

　　企業經營日漸艱困，在內部資源不足下，必須求助於外部資源。學術界的資源是企業界普遍認同的協尋方向。企業若能得到學術的充分協助，對企業經營絕對是正面的加分。然而，企業與學術合作的失敗案例比比皆是，原因何在？

1.研究方向不同：企業是經營實務研究，學術是理論模型研究。
2.研究目的不同：企業研究主要目的是企業生存發展，學術研究主要目的是個人學術地位提升。
3.經費來源不同：企業研究經費多來自私人提供，因爲是花自己的錢，企業審核研究預算嚴謹；學術研究經費多來自官方提供，因爲是花別人的錢，學術審核研究預算不甚嚴謹。
4.績效要求不同：私人出資，研究成果要求績效且需立竿見影；官方出資，學術成果要求績效無嚴格規定。
5.時間壓力不同：企業實務研究有時間壓力，希望在最短時間內找出問題解決之道；學術模型研究時間壓力不如企業緊迫，且都在假設情況下做模型研究，成效有待觀察。

(二)學術界之學術研究對企業界的障礙

學術界在研究企業管理方面的議題時，會有許多研究新發現，照道理企業界應該會爭相利用學術界難得的學術成果，作為企業經營管理重要參考，增加企業競爭力。但是為何企業界對學術界的研究發現使用頻率不高呢？其原因有下列幾項：

1. 企業高階普遍疏於尋找學術最新資訊。
2. 學術語言轉化成商業語言不易：學術用語艱澀，難與企業語言對接，較難吸收確切意涵。
3. 企業主口語表達方式的差異：企業以口語表達學術，對學術內容似懂非懂，容易脫離結論主旨。
4. 企業經營的時間壓力：企業經營分秒必爭，發現問題必須立刻解決。
5. 獲得學術資訊管道窄化：雖然學術界有許多可為企業借鏡，幫助企業經營發展的研究，但企業界與學術界溝通有限，企業無法得知學術界的最新資訊的管道。

三、解決產學研究落差之道

解決之道是經由社會媒體管道多接觸學術研究，企業高階經理鎖定學術期刊和學術通訊，或者繼續進修MBA和DBA學位充實學術能量。雖然高階經理在企業管理上可能缺少最新有關企業的正規教育，教育也不是唯一的解決方法，但是解決的方法一定有學術知識的成分在內。

(一)企業界

1. 激勵員工進入學校進修充實系統性知識。

2.成立讀書會聘請學者（非專家）針對學術管理議題學習並與學術界保持聯繫管道。

(二)學術界

1.學者定期進入企業瞭解最新商訊進行學產合作。

2.將商訊融入學術後轉換成企業易懂的語言。

第十章

人力資源管理

- 企業組織文化與倫理
- 內部行銷溝通

24h 第一節　企業組織文化與倫理

一、企業組織文化

(一)文化

　　一個組織的文化不會憑空出現，一旦建立後，也不會無故消失。文化的形成是一個組織目前的習慣、傳統及一般做事方式，通常根據以往的做法，以及這做法所獲致的成功程度。文化概念包含：(1)外在文化——服務、辦公室布置、符號、口號、儀式；(2)內在文化——價值觀、共識、前提（**圖10-1**）。

　　文化產生的三階段：

　　1.創辦人只僱用及留用那些想法、做法與他相同的人。

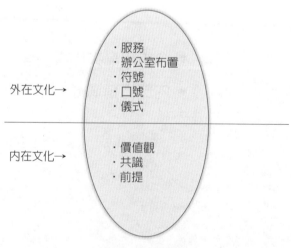

外在文化→
- 服務
- 辦公室布置
- 符號
- 口號
- 儀式

內在文化→
- 價值觀
- 共識
- 前提

圖10-1　文化概念

2.他們教導並同化員工的想法與做法。

3.創辦人以身教來鼓勵員工認同他們，並進一步將自己的信念、價值觀內化於員工心中。一旦組織成功了，往往會歸功於創辦人眼光獨到，創辦人的人格特質會被嵌入組織文化中。

(二)文化背景

　　文化的重要性因其背景環境會影響個體對他人實際說或寫的程度。中國、越南、阿拉伯國家屬於高背景環境的文化（high-context cultures）。他們溝通時相當程度依賴非口語複雜情境的提示，無聲有時勝有言，一個人的職位、社會地位與聲望都在溝通中占有極高分量。相反地，歐洲及北美國家屬於低背景環境文化（low-context cuiltures），他們仰賴文字傳達意思，身體語言或正式頭銜在談話與書寫中只是次要角色。在高背景環境溝通，口頭同意隱含著強烈的承諾；低背景環境文化溝通，重視直接，我們會預期管理者以明白、清晰方式傳達希望。

(三)文化形式

　　可以分成三類：

1.官僚文化：是權力導向文化，明確的授權與責任。

2.創新性文化：是結果導向文化，鼓勵員工接受挑戰及承擔風險為信念。

3.支持性文化：是關係導向文化，強調友善工作環境，對員工是信任、公平、激勵，給予工作保障。

(四)組織文化

　　組織文化是組織共同抱持的意義體系，這個內隱部分，是價值觀、信仰、思想的集合體及行為模式。組織文化為決策提供方向，也

為員工提供行為規範，決策與規範又影響組織績效。創辦人對組織文化有絕對影響力，開創企業時員工多互動，組織文化在創辦人監督下容易塑造。換句話說，組織文化是組織傳統習慣、價值觀、信仰體系等長期累積的組織風格。隨著組織層級增多，分層負責的監督機制，會使組織文化鬆動。觀察組織文化氛圍有三個面向：

1.方向：組織文化內容與組織目標的方向是否一致。
2.普遍：組織內成員受組織感染的程度多寡。
3.強度：組織文化覆蓋層面多寡與籠罩組織文化氛圍強弱。

(五)次文化

次文化是組織內一群經常彼此互動，認同彼此理念的較小團體，此團體具有排他性，不太會與其他組織內團體結合，次文化團體俗稱「小圈圈」。有些次文化團體在一元化組織框架下，會跳出框架，自行其是不受組織文化掣肘。當次文化與組織文化碰撞時，會造成企業緊張與不協調；尤其在公司併購時最容易發生次文化現象。

(六)影響企業組織文化的因素

◆外顯因素

1.人員招募：基層員工服務品質決定企業成敗的命運，招募第一線員工須注意下列事項：
　(1)服務認知：人際接觸的服務業，面對顧客的員工直接影響顧客滿意度。
　(2)人格特質：親切、微笑、主動、敏捷和關懷，人格特質有些與生俱來，有些後天訓練的。
　(3)服務意願：情緒是服務的忌諱，情緒要放在職場之外，海豚式服務是造成顧客不滿意的要因。

2.工作環境：工作地點遠近、工作場所舒適、危險程度、團隊默契，服務環境會影響工作意願。

3.服務流程：服務流程設計是否人性化不但影響服務速度，也容易造成消費者負面印象。

4.工作時段：服務業的工作時段長短與工作績效是成反比的。

◆內隱因素

1.薪資福利：薪資與福利為保健因子，這是最基本也是最重要的組織文化之一。

2.專業訓練：組織有無計畫性的教育訓練，是員工心靈契約（psychological contract）的重要因素。

3.服務經驗：年資長短代表經驗多寡，這對服務業來說相當重要，經驗累積會是服務的優勢。

4.領導因素：組織行為對主管因素非常重視，單位主管的人格特質領導方式，是服務品質的因素之一。

5.激勵關懷：激勵除了給予服務人員權限，鼓勵員工去處理客訴事項，對積極員工要有獎勵措施外，對於員工個人困難與不幸遭遇要關懷撫卹，增加員工組織向心力。

6.團隊合作：組織互動默契，是總體競爭力的表現。默契良好的合作團隊，除了降低員工流動率，對企業形象亦具有積極正面的效果。

二、企業倫理（道德）

(一)企業倫理與企業社會責任

　　「倫理」（ethics）是指生活方式與組織行為規範或道德模式。「企業倫理」是指將倫理規範應用到企業營運以及管理行為上。企業

倫理包含「企業社會責任」（corporate social responsibility）與「管理者倫理」。「企業社會責任」是指企業與利害關係人（stakeholder）的關係準則，企業運用資源滿足社會道德標準。「管理者倫理」是指經理階層日常經營運作上必須遵守的規則。「利害關係人」是指所有會影響企業或受企業影響的個人或團體，包含供應鏈廠商、顧客、員工、股東及企業各營業處所。利害關係人有分為主要利害關係人和次要利害關係人。

(二)企業社會責任風險

國內某手機科技公司副總級高層，將次代產品設計圖私下與敵對企業洽談交易被揭發；又，某重量級半導體科技公司核心主管，因個人怨恨未離職前就投靠韓國敵對廠商，造成原企業鉅額營利損失被揭發。銀行高管利用職務之便，暗中挪用客戶定期存款，東窗事發潛逃被捕。上述案例只是冰山一角，企業利害關係人動輒與雇主翻臉，挾持營業秘密作籌碼，待價而沽，使得企業感嘆「外人易躲，家賊難防」。實務界人士認為企業要承擔社會責任的前提是企業要能獲利，但企業獲利後不承擔社會責任的話，又當如何？台灣近兩年發生的塑化劑和餿水油事件，被揭發企業因昧於良知賺黑心錢獲取暴利，供應鏈在不知情下被牽連其中；終端消費者無辜受害，長期食用黑心產品導致健康後遺症，因牽連範圍遍及全台，造成嚴重社會事件，政府相關部門首長被迫辭職。但這些企業主並沒有得到應得的懲罰，企業經營的社會責任再次浮上檯面。

企業與利害關係人之間是何關係？企業與社會責任有何牽連？**表 10-1**詳細說明之。

1.階段一：企業只對股東負責，追求利潤最大化是企業的責任。
2.階段二：企業社會責任出現，在追求利潤最大化同時，要考慮員工利益的社會責任。

表10-1　企業承擔社會責任之程度

承擔程度	低	中	中高	高
階段	階段一	階段二	階段三	階段四
負責對象	股東、管理階層	員工	特定利害關係人	整體社會

資料來源：Robbins S. P., Coulter M. (2004). *Management*, 8/e, Pearson Prentice Hall, p. 101.

3.階段三：顧客與供應商進入企業利害關係人範圍，企業對其也有社會責任。

4.階段四：企業本身就是社會機構，有責任參與社會公益，即使有損獲利亦應參與。

(三)管理者倫理風險

◆倫理風險

　　德國福斯（Volkswagen）汽車公司2015年9月發生公司將詐欺軟體植入柴油汽車電腦，欺騙廢氣檢驗長達八年終被揭發，造成公司股價暴跌，執行長下台，且要面對數千億美金罰款。中國國企高層捲款潛逃外國；某台灣股票上市公司總經理潛沉多年暗中淘空公司財產後人間蒸發。除了高階管理層，中基層主管每天亦面對企業道德上的抉擇：是否要告知員工應有的福利但又怕被老闆知道後怪罪？是否要將過期食物繼續販售給消費者？是否要告知遊客設備老舊欠於維修的風險？是否要提醒消費更加省錢的優惠組合產品？以上的林林總總，每天都在考驗企業高層與主管的道德與智慧。

　　管理者對「倫理風險」有三種不同考量：

1.倫理功利觀：是以上層決策結果為依歸，既然受僱於企業，就應聽命於企業的忠貞派。

2.倫理權利觀：「兩害相權取其輕」，針對兩種選誰輕誰重，分

析完後選邊操作的實務派。

3.倫理正義觀：依據法律規範與公平正義行事的俠義派。

◆管理者倫理道德風險發生流程

研究發現管理者倫理發生道德風險的原因，基本上是因為「控管不嚴、日久玩生」所造成的。企業都會建立道德規範，但實際上職位層級愈高，個人自由度越大、組織約束力越低。而道德發生偏差共分為六個階段：

- ·第一、第二階段：員工的對錯標準是依據公司規定來的，因為害怕受罰或希望獎勵情況下做對的事情。
- ·第三、第四階段：員工的對錯標準是跟上司價值來的，希望得到長官的認同。
- ·第五、第六階段：員工價值觀超越組織文化價值觀，以自我標準為準。

研究又發現第四階段，也是年資、經驗、職位影響力具有分量，加上高階職位自由度增高、內部管控疏漏，員工由嘗試影響成為常態影響就演變成個人道德風險事件。大凡能力強的員工具備較強的馬斯洛（Maslow）「自我實現」特質，當還不能影響組織文化時，自我意識強度（ego strength）驅使他採取暗中布局、等待時機，一旦東窗事發，不是潛逃就是坐牢。內控型的人是「自己掌握自己的命運」，外控型的人是「運氣和機會掌握自己的命運」，面臨個人倫理時內控型較會出軌，外控型較為收斂。

◆倫理風險實務型及理想型之比較

基層服務人員較需要「實務型」而不是「理想型」的；前者重短期眼前利益，後者重長期未來利益。實務型的人較無推託現象，希望快速成功；「現在」對實務型來說就是「立刻」；但理想型的「現

在」可能延長至數年。理想型的人放眼長期的成果，實務型專注短期效應。實務型的服務員，思考方式較具體，專注眼前看得見、摸得到、聞得到的東西，對於未來就不太有興趣，如**表10-2**所示。

表10-2 企業倫理風險實務型與理想型比較表

	實務型	理想型
動作	要快	要穩
目標	短期	長期
方法	重眼前	重未來
邏輯	直線思考	環狀思考

第二節 內部行銷溝通

一、內部行銷重要性

(一)內部行銷新觀點

人力資源管理探討員工滿意時，用行銷觀點會討論到內部行銷。若要外部行銷表現優異，企業內部行銷一定要做得好，滿意的內部行銷是外部行銷的基石。員工訓練不足，技術或支援無法從內部服務督導或經理處獲得，則外部市場行銷成效必定打折。內部行銷概念已經給企業人力資源管理帶來三個嶄新的層次：

1. 員工是公司提供外部顧客服務與外部顧客接觸的最主要內部市場。
2. 針對員工導向的所有活動，就是為了提供外部顧客的支援。

3.強化員工是內部顧客，如同外部顧客一樣，企業對內部顧客也
　要行銷。

(二)內部行銷功能

　　內部行銷的圓滿情況在組織各階層互動良好，營造出互相支援、
互相分享的學習型組織。高層管理作為一位領導者、激勵者、協調
者，必須將組織部門間的交流溝通順暢地連結起來，同時運用兩種方
式整合公司：

1.從支持與激勵員工情境，確保公司各層級員工都能投入企業各
　項活動。
2.以身作則主動領導員工執行日常業務。

　　企業越來越體會「最關鍵的資源是訓練有素且具服務導向的員
工，而非原物料、生產技術或產品本身」。企業資訊越透明，自動化
程度越高，具備服務導向員工越顯重要。目標導向最能激勵員工做好
服務，客服人員、行政人員、單位主管、經理人等整合內部行銷做外
部行銷溝通。

二、內部行銷對象

　　「內部行銷」的對象是所有支援顧客服務的員工，包含：

1.高階領導層。
2.中階管理層。
3.基層員工。
4.兼職與計時員工。

　　「有滿意的員工就有滿意的顧客」，雖然人力資源管理與內部行
銷有雷同之處，如訓練、僱用、生涯規劃，但內部行銷較為強調員工

關係的培養與建立。員工覺得被信任或彼此信任，員工較能發揮顧客導向服務，強化外部行銷績效。員工心靈契約是管理層與管理層、主管與下屬，下層對上層之間溝通、上層支援員工與各平行單位支援基層服務員工在顧客接觸上，各單位同心協力奮鬥的心理狀況，也是企業內部的完美寫照。

三、內部行銷活動

內部行銷光有訓練計畫是不夠的，爲了獲得流程的持續性，高層領導、中階管理的領導力，基層與兼職員工的執行力，絕非只是行政上的支持，而是要靠內部不斷的行銷活動。但主管若對員工回饋僅存檔備參是不重視員工意見，員工對政策不透明產生模糊，會根據各自解讀回應顧客，必對顧客滿意有害。內部行銷活動有四個方向：

1. 全職員工獲得激勵達成公司任務，這氣氛會擴散到兼職人員、計時人員，形成良好組織氛圍。
2. 吸引、留住優秀人才的激勵方式會讓外部未來員工投靠，產生良性循環。
3. 高層的開放態度帶動正面的溝通態度，將顧客導向觀念「內化」成組織文化，發揮組織戰力，創造公司利潤。
4. 組織結構的完整性越強，成員間相互依賴度就越高，彼此間溝通就越順暢，成員受組織的影響就越深，內部行銷綜效就越高。

四、高層的態度管理與溝通管理

(一)內部行銷的構面

組織理論在談到企業內部行銷時有兩個面向：「態度管理」（attitude management）與「溝通管理」（communication management）。

◆態度管理

管理階層要以身作則,用「顧客導向」從事內部行銷活動;其次,資訊在組織內部要充分流通,各階層員工隨時根據資訊提供內部與外部顧客。

◆溝通管理

企業管理階層以往的溝通都是單向的「政令宣導」,資訊經過篩選的「資訊不對稱」讓內部行銷失敗。當管理層需要基層回饋資訊時,基層亦會用資訊不對稱回應,雙方溝通發生障礙。「以身作則」,才是上行下效、風行草偃的關鍵。只要組織高層能夠在「態度管理」上身先士卒做出表率,在行動上採取「雙向溝通」,下屬必能感受到從高層領導的組織氛圍改變,也才會願意跟隨組織策略做政策執行者。

(二)內部行銷失敗

◆員工心中的結

內部行銷是組織採責任制度的持續活動,「態度管理」的指標是最高職位者的態度,若負責人態度積極則「溝通管理」就會順暢。許多案例失敗檢討結論:「公司政策方向正確,但卻執行不當」。這牽涉到組織各階層負責人對於「態度管理」與「溝通管理」內心的「結」(tie),這個「結」在個人「有限理性」觀念下,會用何種「溝通態度」執行組織交付任務,影響內部行銷成效甚鉅。檯面上全體高呼「團結一心」,但往往「上有政策,下有對策」的暗中對抗,這又是為什麼呢?

◆關係

「關係」(Quanxi)是兩位或多位關係人之間持續性的人際互動,這種關係夾雜著利益交換與私人友誼意涵。黃光國認為華人在「溝通管理」進行訊息傳遞時,是以「關係」的親疏遠近作為資訊

傳遞的先後考量。華人對關係有「情感性關係」、「工具性關係」與「混合性關係」三種認知。主管會依對方與自己間的關係強弱程度進行不同的「溝通管理」。「情感性關係」的關係強度最強,它可以滿足組織內特定個人在關愛、資訊、安全上的照顧;「工具性關係」為主管依據組織編制照顧個人的需求,它是制度化結構,組織內個人都能透過「工具性關係」得到公司規定的照顧;「混合性關係」則是介於「情感性關係」與「工具性關係」間的混合體。因為「有限理性」下,人都是自私自利的;主管若「溝通管理」採雙向資訊完全公開,屬下績效若超越自己職位可能不保,或是屬下瞭解主管用非正當管道得到職位,消極對抗造成行政管理障礙,也可能屬下團結一致架空主管。因此會影響主管的「管理態度」。「工具性關係」與「混合性關係」基本上都是從組織制度化「公平原則」的溝通,唯獨「情感性關係」是主管在「態度管理」時分辨關係親疏遠近的觀察指標。部分主管身旁分享「情感性關係小道消息」的下屬,成為組織「紅人」,辦公室出現「組織政治」的「小圈圈」團體。

◆領導

①政治行為

　　政治行為是運用權力以影響組織中的決策,此處敘述的為負面政治行為。組織內部成員對管理方式的一種表態行為,其目的在追逐私利行為。向管理階層靠攏的就成管理者的「麻吉」,可以分享關鍵資訊,中立者或對抗者就是管理者的「眼中釘」。

　　「領導」的定義,係指能夠影響他人達成特定目標的過程,包含影響個人或團體的活動,努力完成特殊情境下的目標。領導的權力來源有「職位權力」(positional power)與「個人權力」(personal power)。當權力來自於正式職位稱為「職位權力」,分為三種:

　　1.合法權:職位授予直接影響他人的權力。

2.獎賞權：爲控制成員而給予精神、物質的鼓勵。

3.強制權：爲達到目標而強烈要求成員從事某事。

當權力來自於個人身分稱爲「個人權力」，分爲兩種：

1.專家權：屬下認同工作相關知識來控制他人的權力。

2.參照權：團隊成員對領導者的忠誠和取悅慾望。

②領導者心智模式

管理者的心智模式，由於個人的文化層次、認知水平、個性心理及社會經歷的不同，有複雜性，也有共同性。由於「溝通管理」可能造成領導者潛在威脅，管理者或存有不良心智模式的「態度管理」有下列五種：

1.管即官，我說了他就應該聽，最起碼不應當面頂撞。

2.這事有風險，多一事不如少一事，穩定平安最要緊。

3.有才難用不如不用。

4.你好我好大家好，爭來爭去傷和氣。

5.年輕人懂得什麼，眼高手低。

③員工對組織政治的回應

1.工作滿意度降低：組織政治的認知程度與工作滿意度成反比關係，員工不願涉入組織政治，但又擔心其他涉入的同事獲得職位上的好處。

2.焦慮和壓力升高：他們若直接涉入組織政治，可能會因政治鬥爭或職場角力，憂心忡忡並承受更高壓力。

3.離職率增加：當壓力大到自身無法負荷時，就會出現離職行爲。

4.績效變差：若勉強留在組織內會體認到如何多麼努力都不會超越那些熱衷組織政治的同事，在缺乏動機情形下，績效下滑是可以理解的。

第十一章

顧客抱怨與品牌忠誠

- 顧客抱怨與不抱怨
- 顧客滿意與品牌忠誠

 第一節　顧客抱怨與不抱怨

一、服務失誤原因

鄭紹成認為服務失誤（service failure）是「顧客認為企業之服務或產品，不符合其需求或標準，由顧客認定為不滿意企業的服務行為」。Boulding等人（1993）也指出服務失誤有幾個方向要考慮；例如時間、嚴重程度及發生頻率。若服務失誤發生在顧客與公司接觸的早期，會讓顧客對公司的整理評價更低，因為顧客和企業只有很少的服務成功接觸經驗。由於服務有異質的特性，不同的顧客即使光顧同樣的公司，也可能經歷不同的服務失誤疏失。服務業因為「異質性」，因「人為因素」造成的服務失誤，更是多如牛毛。Zhu與Zolkiewski認為服務失誤的原因有下列三項：

1.工作因素：操作不正確，操作沒效率、點單不正確。

2.過程因素：誤聽、誤做、誤送、誤算。

3.有形性：設備不足、冷氣故障、空間狹小。

將服務失誤歸咎於服務人員與消費者都有可能，學者也開始注意到在服務傳遞過程中，造成服務失誤的比例也不少，例如：點餐不正確、送達遲到，因時間拖延造成產品口感欠佳，這些是設備、產品、傳遞、服務人員因素造成的。根據Bitner、Booms和Tetreault研究指出，服務失誤可以歸納出下列原因（**圖11-1**）：

1.服務失誤是場誤會。

2.服務失誤是企業無意造成的。

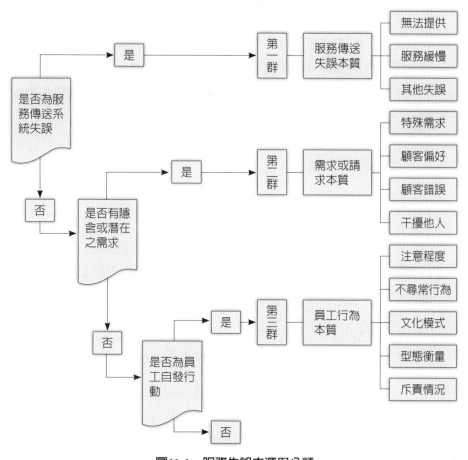

圖11-1　服務失誤來源與分類

資料來源：Bitner, M. J., Booms, B. H., & Tetreault, M. S. (1990). The service encounter: Diagnosing favorable and unfavorable incidents. *Journal of Marketing, 54*, January, pp. 71- 84.

3.服務失誤是企業故意造成的。

4.服務失誤是企業造成的，而且很可能再度出現。

5.服務失誤是消費者造成的。

「某外籍航空公司一架從越南胡志明市飛往高雄小港機場的班機

無故停飛，機上旅客在被耽誤十多個小時回到高雄後抗議說：『班機無故停飛，航空公司沒有做任何說明，甚至食物和飲水都沒有充分供應。』這種服務失誤，肇因於企業輕忽服務SOP」。餐廳用餐時冷氣的噪音、航空公司超賣機位使旅客機場報到無法搭乘、飯店慢接旅客電話、導遊發車漏算一位乘客，都是服務失誤的案例。

二、顧客不抱怨

(一)不抱怨原因

不斷的服務失誤會讓企業面對永無止境的顧客抱怨，企業在提供顧客期望服務時，面臨最大的困難就是有90%不滿意顧客不會抱怨，顧客不抱怨七大原因：

1.業者擅長用「資訊不對稱」的資訊暴力，欺騙顧客，最讓顧客感到無力與受傷。尤其是金融服務、通訊系統服務業、網購業這些靠網路或電訊服務的行業為最。
2.隨機購買的物品顧客無所謂。
3.顧客不確定他們的權利。
4.顧客不擅長表達激烈抱怨，息事寧人。
5.抱怨投入的時間、金錢成本太高。
6.顧客預期抱怨後自己或周遭的人會有安全上顧慮。
7.顧客不會再光顧。

(二)抱怨投入程度

企業平均只能聽到4%的顧客抱怨，96%的顧客默默離開，其中91%不再光顧。企業認為顧客抱怨與否主要取決於消費者考慮的四項因素：

1. 經濟環境：若僅需打通電話或是當面抱怨就可以得到解決，顧客通常都會採用此法。但若需花費高昂代價，例如到警察局報案、到法院控告，或是到環保署檢舉等曠日廢時，消費者大多會採取迴避態度。

2. 抱怨者的自身條件：年齡、學歷、經歷、個性的不同，會產生不同的抱怨，甚至根本不會抱怨。年長者較抱怨自身權利，年輕者較抱怨環境舒適。

3. 抱怨事項的重視度：服務失誤中有人對物質重視，有人對精神重視，也有人對任何服務失誤都無所謂。商務客人對於時間觀念要求，較休閒旅客為強；女性對於周遭環境的安全性及隱私性，又較男性重視。

4. 服務產品的價錢：單價低的服務失誤即使抱怨，可能勞師動眾，得到的回報與投入可能不成比例；單價高的服務失誤抱怨，抱怨成功的話，可能有物超所值的企業回饋。

圖11-2說明了當顧客面對不滿意的情況發生時，所可能採取與不採取行動的抱怨行為。

三、顧客抱怨

服務業每日面對更頻繁的服務壓力，因為顧客更挑剔，更容易獲得資訊，更容易上網反應服務。「臉書」（Facebook）上分享個人的消費體驗有正面肯定與負面抱怨。據研究顯示，至少有6位顧客提出嚴重抱怨，以及20～50人有較輕微抱怨，企業才會視其為「抱怨」。負面的抱怨直接衝擊品牌形象、企業名聲和影響消費者態度，造成企業銷售下滑，企業必須立即彌補抱怨消費者可能遠離企業的損失。

服務業的服務，由於硬體設施搭配的品質出現瑕疵，會造成顧客的不停抱怨，下列舉數個例子：

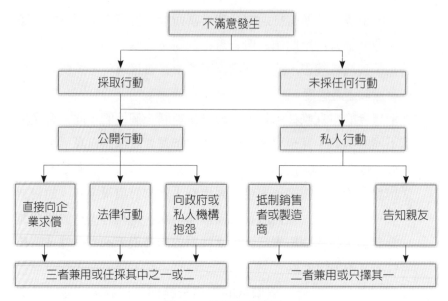

圖11-2　顧客抱怨行為

資料來源：R. L. Day and L. E. Landon (1977). Towards a theory of consumer complaining behavior. In A. Woodside, J. Sheth, and P. Bennette (Eds.), Consumer and Industrial Buying Behavior, Amsterdam: North-Holland Publishing Company, pp. 425-432.

1.旅館房間冷氣風扇發出的微弱噪音，使得房客睡覺不得安寧。

2.汽車裝配員組裝時的疏忽，使得新車車輪發生雜音，影響駕駛開車心情。

3.新買的紙杯喝水時底部會漏水，新燈泡一試用就燒掉了。

4.知名品牌的掌上型計算機，顯現不出螢幕，或螢幕數字出現斷裂現象。

　　某大飯店每天約有二千通電話進出，根據調查顯示，一般顧客在電話鈴聲響五聲之後還沒有人接聽，便會有不耐煩的感覺，並且不會再打電話進來。反之，若能在兩聲之後立即有人接聽，則會給顧客愉快的接納感，讓他們有興趣繼續再用電話接洽公事。**圖11-3**為顧客久候電話的因果圖，最終使得顧客等候電話的時間縮短了。

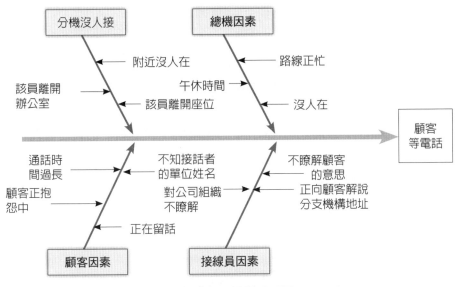

圖11-3　顧客等候電話因果圖

(一)顧客抱怨類型

1.經營性抱怨：企業高姿態、錯全不在企業。

2.操作性抱怨：網路資訊錯誤、服務流程出錯、設備欠缺保養。

3.人員流動性抱怨：服務經驗不足、服務品質不佳、人員表達能力、服務公式化。

4.環境性抱怨：干擾不立即制止、顧客反應沒回應。

(二)顧客抱怨目的

1.解決服務失誤的問題。

2.發洩不滿情緒。

3.希望得到經濟損失的補償。

顧客抱怨且得到滿意解決的顧客，比從未抱怨顧客更有忠誠度；如果抱怨能夠被解決，34%的顧客會再度惠顧，若只是輕微抱怨得到

解決，再度惠顧比例將升到52%與95%之間。

(三)顧客抱怨管道

1. 言語直接反應（voice responses）：直接向業者表達個人的不滿。
2. 尋求補償（compensation responses）：退款、換貨、修理或道歉。
3. 私下抱怨做負面宣傳（private responses）：散播自己遭遇服務失誤之經驗。
4. 拒絕再購（never return responses）：轉向對手企業購買。
5. 與第三團體接觸（third party responses）：如網路媒體發表、消基會申訴、平面媒體投書、採取法律行動，也可能同時採取兩種以上的行動。

　　企業需要以系統的方法來分析顧客抱怨，O'Connor等人（2000）以醫療照顧案例，發現醫院一直強調有形的病床、技術和設備服務；然而病患關心的則是無形信賴、關懷和同理心服務。

　　圖11-4說明了當顧客面對不滿意的服務接觸時，可能採取公開行動、私下行動等各項作為，或是不採取任何行動。

(四)企業回應抱怨

　　理論上，企業回應顧客抱怨時的心智模式：

1. 企業對他們提供的服務合理化，當遇挑戰他們的服務合理化時，他們首先全力維護他們認為的合理化。
2. 對別出心裁或懷疑企業合理化的顧客，企業往往在心理上排斥並對顧客施加壓力。
3. 由於企業能使用的手段、工具很多，那些持有懷疑或不同看法

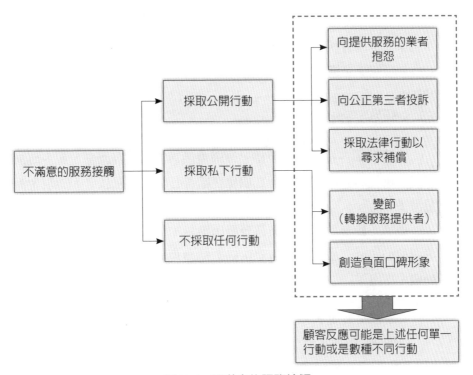

圖11-4 不滿意的服務接觸

的顧客，為了個人考量避免衝突加深，往往保持沉默，或者調整自己的觀點。

4.這會造成某人保持沉默就表示他贊同的錯覺，其他缺席者也被歸類成贊成派。

實務上，企業面對顧客抱怨的回應措施有四種方式：

1.滿足抱怨：對不同的抱怨採取同樣的態度就是「公平」。包含再次服務與適當補償。

2.避免抱怨再生：顧客會要求避免再次發生的保證。

3.重視「關鍵少數」抱怨：大數據分析關鍵少數是否屬於個案或

是通案及影響經營的程度。

4.大數據分析抱怨的原因：針對關鍵少數的抱怨案例，進一步發現解決之道。

四、顧客流失

企業對顧客抱怨處理不當，最嚴重後果當屬顧客流失，顧客流失暴露出兩個訊息：(1)公司存在價值在顧客心目中快速惡化；(2)現金流量減少。

顧客不斷流失是對企業經營發出警訊，Johnston與Hewa研究「商業運輸公司」（Commercial Carrier）時發現顧客流失會使企業產生下列成本支出：

1.顧客離去成本：企業處理顧客抱怨不當，顧客離去最常見的後果是企業收入減少。

2.失去潛在機會成本：這是無法被測量出來的巨大成本，但是公司之所以會失去潛在機會，大部分因素是因為顧客抱怨造成的骨牌效應。

3.企業形象受損：抱怨者形成的連漪擴散效果，會影響他人對企業的態度，打擊企業形象。

4.顧客怨恨企業：充滿憤怒的顧客不但會負面甚至惡意傳播，更甚者或會採取反制措施。

一份國內航空公司內部研究調查發現，旅客對航空公司的信任會因為航空公司不斷出現嚴重的服務失誤和處理旅客抱怨不當產生的「蝴蝶效應」，使載客率下滑、獲利下降，現金流量減少不得不降價促銷，試圖挽回流失的人氣與失血的財務。

五、服務補救

「服務失誤」會造成「顧客抱怨」，「顧客抱怨」會使「顧客流失」，「顧客流失」會使「收入減少」，「收入減少」企業會倒閉關門；因此企業必須儘量「服務補救」（service recovery）挽回顧客。Hart等人（1999）認為服務補救是企業為了減輕及修復服務失誤對顧客所造成的心理、生理或物質損害，服務補救能夠挽回顧客更可能增加顧客的品牌忠誠。

美國最先採取「可換貨、可退錢」政策的Nordstrom百貨公司；該連鎖百貨在1980年代初期即推出「不發問、免爭論」的退貨政策，也就是100%無條件讓顧客換貨或退錢。政策推出一年該百貨在全美市占率由12%增至18%，其他百貨紛紛跟進，如今「可換貨、可退錢」、「不發問、免爭論」，已經成為一般交易法則。

(一)公平原則

Tax與Brown研究中發現，「公平」可以解釋人在面臨衝突時之反應。從程序觀點來看，抱怨處理是處理一個程序發生的連串事件，過程中顧客會評估公司是否公平對待抱怨。公平牽涉到處理是否適當，因此他們提出分配公平、程序公平和互動公平。消費者都是在認知問題嚴重下出聲，並且一抱怨希望企業能立即回應。

◆分配公平（distributive fairness）

主要在利益與成本分配上；消費者會從產出的公平（equity）、平等（equality）與需求（need）這幾個原則評估企業在分配上是否公平。公平的經驗來自於：

1.先前經驗：不管是針對這家企業還是其他企業。
2.對於其他顧客抱怨後所獲得的補償。

3.知覺自身的損失。

◆程序公平（procedural fairness）

達到最終解決方案之前，顧客對於過程知覺公平性。即使分配不公平，程序公平仍是有意義的，其目的在於維持雙方關係。

◆互動公平（interactional fairness）

互動公平可解釋為什麼顧客在程序與分配都公平時，還是覺得不被尊重，因為顧客與員工或管理者溝通品質，會影響顧客滿意。

Conlon等人（1996）將服務補救分為「解釋性」服務補救與「補償性」服務補救兩種；「解釋」包含內部與外部解釋，「補償」包含實質補償與非實質補償。其中實質補償包括服務補償與金錢補償，非實質補償則專指採取道歉方式。學者曾以飛機乘客為對象探討不同服務補救對乘客滿意度的影響。他將服務補救方式分成三種：

1.只有道歉。
2.道歉加上同等補償。
3.道歉加上超額補償。

結果發現，實質補償對顧客滿意有正向關係，但是若補救處理時間越長，顧客越不滿意。

Hoffman等人針對餐飲業提出七項服務補救方法：

1.免費食物贈送。
2.消費給予折扣。
3.給予折價券下次抵用。
4.管理人員出面處理。
5.更換其他餐飲。
6.重新給予正確的餐飲。

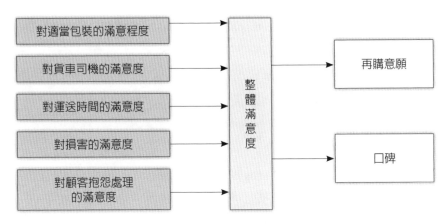

圖11-5　服務疏失補救模式圖

資料來源：Spreng, R. A., Harrell, G. D. and Mackoy, R. D. (1995). "Service recovery: Impact on satisfaction and intentions", *Journal of Service Marketing*, *Vol. 9, No. 1*, pp. 15-23.

7.向顧客道歉但不作任何補償。

Spreng等人（1995）曾提出「服務補救模式」（Service Recovery Model）如**圖11-5**所示。

六、服務補救預防

以美國跨州搬家托運貨品損壞為服務失誤案例，發現「處理抱怨人員」變數最重要；整體服務滿意度顯示旅客愈滿意服務補救，就愈可能繼續在該企業消費及向朋友傳達正面口碑。針對「商業運送者」報導，蒐集150個服務補救案例，整理出企業對服務補救六項解讀與操作：

1.事後補救措施（squeaky wheel）：「會吵鬧的小孩有糖吃」；企業回應顧客抱怨沒有一定的處理原則，誰抱怨聲音愈大，公司愈會重視。

2.系統回應（systematic response）：顧客抱怨時要採取配套補救
措施。

3.及早預防措施（distant early warning line）：預期服務可能失誤
就採取預防措施，防止服務失誤發生。

4.零缺點（zero defects）：「零容忍」政策要花大量時間、金錢、
資源在顧客服務上。

5.故意發生服務失誤（instigate and recover）：反向操作，故意製
造服務失誤，讓顧客體驗成功的服務補救，增加顧客忠誠。但
此方法風險極高。

6.搶同業顧客（on deck）：發現同業有服務失誤時，主動幫助處
理服務失誤，博得顧客好感爭取變成新客戶。

第二節　顧客滿意與品牌忠誠

一、顧客滿意

(一)顧客滿意定義

滿意的定義：「評估一項服務或產品事前的期待與實際的體驗後
之間的差異。」

顧客滿意（Customer Satisfaction, CS）的定義：「一種對服務或產
品有效或無效期待之間的態度。」Raposo等人（2009）對顧客滿意之
定義：「顧客與企業產品或服務缺點零容忍下互動的體驗。」

(二)顧客滿意構面

顧客滿意有兩個面向：

1. 交易的（transactional）：評估交易結果，例如因為可以看到帥哥靚妹或因為可以使用Wi-Fi。
2. 算計的（cumulative）：過去曾消費過，它是預測忠誠度的指標。

「驚奇服務」與「期望服務」差別在於驚奇服務可加強使用者情感度，程度超越預期服務。

(三)影響顧客滿意的因素

1. 價格因素：Voss等人（1998）認為績效、期望、價格三者共同影響顧客滿意度。以價格的重要性更不容忽視，Zeithaml認為廣義的價格是指知覺價格，它是由客觀價格與認知非貨幣價格組成。
2. 品質因素：Zeithaml和Bitner認為顧客滿意度會受到服務品質、產品品質、價格、個人與情境因素影響，服務由PZB五大構面來決定，是影響顧客滿意的重要變數。
3. 個人因素：Zeithaml和Bitner認為個人因素是影響滿意度的重要變數；醫療照顧者的性別、年齡、教育、收入不同，對醫療照顧的滿意度有明顯差異。

二、顧客重視度

(一)顧客重視雙惟矩陣

Chu與Choi提出「重要性／績效分析」矩陣（Important-Performance Analysis, IPA）二維矩陣衡量屬性的重要性與績效，以便進一步發展有效的行銷策略。這是一種消費者的重視度和消費者認為表現情形的測度，訂出特定產品重要性優先順序的技術（**圖11-6**）。

I 加強努力 重要性高 低績效		II 保持運作 重要性高 績效高
III 第三順位 重要性低 績效低		IV 早丟早好 重要性低 績效高

重要性

績效分析

圖11-6　顧客重視度二維矩陣

資料來源：Importance-Performance Analysis grid, Chu and Choi (2000). "An importance performance analysis of hotel selection factors in the Hong Kong hotel industry: A comparison of business and leisure travelers", *Tourism Management, 21*(4), 363-377.

象限III強調消費者與業者對服務項目都不重視，業者可以考慮停止提供此服務。

象限IV特別強調是消費者對服務並不重視，但業者卻投入很高的績效，表示業者不但白費力氣還花了人力物力投入，應該趁早停止這項服務。

(二)顧客重視與顧客滿意之差別

一般企業在談到服務品質時，一定談到顧客滿意度，但是光討論顧客滿意，還是無法完全瞭解顧客的內心需求。這是因為我們忽略了另外一個重要的觀念，那就是「顧客重視」。顧客重視度與顧客滿意度之間存在有很大的差別，我們必須充分瞭解這兩者的內涵，才能體認服務品質的真諦。

企業挖空心思提供了許多服務與措施，企圖討好顧客，但是這些服務與措施並不一定能夠得到顧客的青睞。例如：餐廳提供回教徒不吃的「東坡肉」、旅館對家庭旅遊提供免費成人電視節目、航空公司

對旅途勞困睡眠中旅客強迫進餐。服務的「異質性」、人、事、時、地、物的不同組合出現，會使原本應該讓顧客滿意的結局，變成顧客毫不重視。因此，唯有得到顧客重視的服務才是真正的好服務。

(三)如何發覺顧客重視

根據行銷顧問Leonard L. Berry指出，顧客在體驗服務過程，如果企業能夠從顧客身上發現細微線索，瞭解顧客心理需求的服務，就能夠從競爭中脫穎而出，這就要強調重視顧客需求。企業如何能夠從顧客經驗中找出他們傳出的重要訊息，包含產品本身、商店外觀、員工態度、應對技巧與服裝儀容。

艾維斯租車公司（Avis）就是利用顧客重視的東西，改進顧客服務。1990年初公司顧客服務評比下滑，經過系統研究發現顧客重視「解除顧客壓力與焦慮」。也就是顧客還車時，會擔心是否趕得上飛機而產生焦慮與壓力。艾維斯發展出服務人員守候還車現場，客人車一到立即利用行動電腦處理還車手續，待顧客將自己行李從租車上卸下時，所有手續（包含哩程計算、油料檢查、車況瞭解、租金計算、會員優惠、帳單列印）同時完成。並在中心設置班機動態螢幕，讓顧客掌握班機動態。更讓顧客現場打電話、發傳真，上網聯繫商務。就在強調顧客重視度後，1999年全美No.12顧客滿意度提升到2001年全美No.1。

三、顧客關係管理

(一)顧客關係管理因子

顧客關係管理（Customer Relationship Management, CRM）在服務業以「顧客」中心（customer-centric）思考組織文化，「人」的重要性在CRM占有60％，流程改良占30％，科技占10％，「組織」

與「人」為顧客關係最重要因子。太多案例顯示「客服中心」（call center）回應客訴時，不是用「作業流程」刁難，就是用「授權層級」不足推辭，還有「我們的服務無瑕疵」反駁，企業輕易的將顧客推出門外而不自知。

服務流程設計是靠人而不是靠工具，CRM功能再超強，縱使記錄了顧客所有的消費行為或偏好，態度再親切，一開始與顧客接觸的設計，就需要「站在顧客的立場，給自己找麻煩」。「單一窗口馬上辦」會博得顧客好感，CRM將會在「最後一里」留住顧客。2002年台灣某保險公司在澎湖空難後，立即修改語音流程，讓去電顧客充分感受「以客為尊」的理念，發揮了CRM精神，但不是有了CRM顧客就會滿意，CRM更需要優良的服務團隊盡心投入顧客服務。

CRM能為企業贏得新顧客鞏固老顧客，透過不斷地溝通，以瞭解並影響顧客行為的方法。若實施CRM良好，在顧客跳槽前必定會發現蛛絲馬跡，客服專員若能及時解決顧客問題，顧客繼續與企業保持關係的可能性就會大增。

(二)顧客關係的層次

前全美行銷協會會長Berry和同事Parasuraman將人際關係分為如下三種層次：

◆第一層次（經濟性情誼）

以經濟利益為建立關係基礎，如「飛行里程酬賓」（Frequent Flier Program）。此層次不容易建立深入關係，很快會被同業模仿。

◆第二層次（經濟性與社會性情誼）

除了經濟性關係外，還要加上社會性關係，此時顧客已從單純顧客變為客戶（client）。顧客與客戶的差異在於顧客對企業僅是一個統計數字；然而客戶對企業是有身分、隨時要服務的對象。經濟性加上

身分，凸顯顧客的社會性關係。如銀行每年六月會送每一客戶名產答謝客戶。

◆第三層次（經濟性、社會性及結構性情誼）

此時除了上述兩項關係外，還有一項同業無法模仿，將客戶納入企業結構內，鎖住顧客無法逃離。如總部設於大阪的Culture Convenience Club錄影帶連鎖系統750家分店，經營績效全靠軟體零件供應充分與否，總公司根據分店客層分析，提供各分店不同軟體，蓄積同業無法模仿的競爭優勢。

四、口碑

口碑（word-of-mouth）效應會影響到消費者購買意願、品牌選擇、消費者態度和購買行為。好口碑會強化企業的行銷策略，傳播口碑還能夠強化親友間的感情，增加人際社會的凝聚力。

(一)口碑動機

「口碑」行銷是最普遍的宣傳方式，口碑動機有四種：

1. 正面經驗基礎（positive experience based）：傳達積極正面消費經驗，以利他的角度散播自己積極正面的美好消費經驗。
2. 負面經驗基礎（negative experience based）：傳達消極負面消費經驗，勸告他人避免重蹈自己覆轍，遭遇同樣不愉快消費經驗。
3. 社會凝聚力（social bonding）：傳達自己的消費經驗，是站在朋友立場，聯繫周遭親朋好友，鼓勵前往嘗試或勸告避免後悔，藉此鞏固情誼，增加凝聚力。
4. 個人利益基礎（individual benefits based）：傳達個人無論是好是壞的消費經驗，多以自身經濟利益為出發點考量。譬如覺得

好玩發洩，或喜歡說八卦在內。

(二)口碑效果

根據「社會交易理論」（social exchange theory），口碑傳播是可以達到互惠效果，網路口碑不但在虛擬網路B2C（企業—顧客）上面發生，同時在C2C（顧客—顧客）時也發生互惠作用。口碑發生在男性身上較發生在女性或年輕人身上滿意度與再購意願爲強，女性較男性喜歡口碑效應。年長者較年輕者的滿意度與忠誠度都高，年長高收入者對口碑、滿意度都認同。星巴克咖啡（Starbucks）口碑爲其帶來兩億美金商機；北歐航空（Scandinavian Airlines）口碑，使得其業績反敗爲勝；Nike在1989年仍落後Adidas屈居世界第二，如今成爲全世界體育項目的贊助商，也是口碑效應。蔡瑞宇認爲口頭溝通中有三分之一以上是負面訊息，消費者對負面口碑較有興趣，這種口碑對企業殺傷力很大，可能會使產品或企業失敗。Hart和Johnson做過研究，只有非常滿意的顧客才會免費爲企業正面口碑，而非常不滿意的顧客會成爲製造負面口碑的恐怖份子。味全林鳳營牛奶因投資母公司的負面口碑，該產品曾消失在市場一段時間。某老牌糕餅店因誤用餿水油的負面口碑，導致關門大吉。

五、品牌忠誠

(一)品牌定義

美國行銷學會對「品牌」之定義：「品牌是個名稱、名詞、記號、符號或可分辨某銷售商或服務商有別於其他銷售商的任何特色。」但此定義忽略了服務的過程以及顧客的參與；由於品牌建立在顧客參與的過程中無法標準化，我們不能專注於品牌建立本身，應該著重在「品牌的存在是用來服務顧客的」。顧客根據體驗所有品牌後

針對產品、服務、優惠及解決方排出優先順序。

(二)忠誠定義

「忠誠」是對至愛品牌永久保有再購不可動搖的承諾。品牌忠誠有三個概念：

　　1.忠誠是對品牌的一種態度。
　　2.忠誠主要表現在行為上。
　　3.個性、環境和購買情境會影響再購行為。

Zhang和Bloemer在顧客滿意與認知價值前提下，也認為顧客忠誠有三個構念：

　　1.積極口碑溝通。
　　2.願意付更多費用。
　　3.再購傾向。

Williams和Soutar認為價值有金錢價值、情感價值、新穎價值。價格雖可以改變選擇，但顧客承諾過的忠誠不在選項內。Oliver對品牌忠誠之定義：「一種根深蒂固對心儀產品或服務的品牌一定會再購承諾，即使是環境改變仍一本初衷。」

(三)消費者信任

信任是對交易雙方信賴和誠信的表示，「消費者信任」是消費者對業者服務產生的信賴，在顧客滿意的前提下，信任是需要經過一段時間的消費經驗累積而成。信任產生顧客忠誠，顧客忠誠導引出：

　　1.行為忠誠（behavioral loyalty）：產生「再購行為」。
　　2.態度忠誠（attitudinal loyalty）：消費者對企業不可動搖的承諾。

(四)品牌忠誠計畫

Brown提出品牌忠誠計畫（customer loyalty program）目的有二：

1.增加企業收入。
2.強化顧客連結。

此計畫還可以鼓勵顧客購買公司較高級產品和購買關係企業產品。增加大數據資料以利分析，幫助公關建立聯盟。品牌忠誠的人較不會被品牌負面新聞影響，因忠誠顧客和品牌已經建立了精神夥伴關係，那是一種態度上承諾（attitudinal commitment），忠誠顧客甚至會將此承諾態度擴散給他人。

(五)品牌忠誠動搖

當然價錢、態度、價值觀和社會規範會影響顧客的忠誠行為，如旅客會同時成為幾家航空公司會員，當旅行時會先參考各家票價高低、航線時間、密度是否恰當。也有「切割忠誠」（compartmentalize loyalty），那就是輪流搭乘甲乙兩家公司，品牌忠誠度也會受到挑戰。不論在王品牛排用餐、寶島眼鏡換眼鏡、在西雅圖咖啡品香、誠品書店閱覽，連鎖企業或個體戶，顧客就是要享受那套餐、那副眼鏡、那杯咖啡、那本書的氣氛。但有時只要優惠條件改變（如價格調高）、替代品出現、環境改變，都有可能使品牌忠誠變味。

PART 5

網路創業篇

- 💬 電子商務與網路行銷
- 💬 服務創新與創業管理

第十二章

電子商務與網路行銷

- 電子商務與企業電子化
- 網路行銷

第一節 電子商務與企業電子化

一、電子商務

(一)電子商務定義

電子商務定義：「網際網路＋電子商務」（internet＋e commerce），就是把傳統的商業活動搬到網際網路上運作。比爾・蓋茲在1980年代曾提出「數位神經系統」就是電子商務的濫觴。

(二)電子商務特性

1.24/7（一天24小時，一星期7天）。

2.全球化。

3.個人化。

4.成本低。

5.創新性商機。

6.互動頻繁。

7.多媒體資訊。

8.選擇多。

(三)電子商務對企業的影響

1.地理疆界消失，企業競爭無地域化差別。

2.從顧客滿意、顧客價值，到顧客作主。

3.迅速改善效率。即時提供顧客想要的資訊。

4.資訊速度取代人工，人力資源價值重新定位。

5.專家警告企業若不積極投入電子商務，定會被世界淘汰。

二、企業電子化

電子商務的基礎是企業電子化（e-business），企業電子化定義：「運用企業內網路（intranet）與企業外網路（extranet）及網際網路（internet），將重要企業情報與知識系統與供應鏈商、經銷商、客戶、員工及策略夥伴結合在一起；藉由網路技術改變企業流程，將企業前端、中端、後端利用電子媒體與企業內部行政資源和外部產業資源結合，將傳統企業行政轉化為電子化企業，增強企業行政效率。」

可支援企業電子化的內部行政資源有：

1.企業資源規劃（ERP）。

2.企業流程再造（BPR）。

3.顧客關係管理（CRM）。

4.供應鏈管理（SCM）。

5.搭配企業流程再造（BPR）。

6.大數據（MD）。

7.知識管理（KM）。

企業電子化架構了行政資源後，隨時可以成為電子商務平台。企業電子化是電子商務根基、骨幹；電子商務是拿企業電子化的實力，發揮在網路上買賣的競爭力。

三、網際網路特性

網際網路特性如下：

1.全球性（globalization）：網際網路透過溝通可以達到全球資訊

獲得、全球行銷市場。

2.網路外部性（network externalities）：網路為知識密集產業，當購買意願越多，越容易吸引購買人潮搶進，反之亦然。

3.資訊不對稱（information asymmetry）：買賣雙方對某項交易獲得的資訊不對等，這又涉及逆向選擇（因時間或獲得諮詢不足，消費者買到不是最佳選擇）道德風險（一方交易損失使得另一方受益）的問題。

4.鎖住性（lock-in）：網路業者提供使用者方便，使他們對網路產生依賴，產生鎖住效應；一旦想要脫離此處轉移到敵對企業，將會付出相當代價（移轉成本）。

5.毀滅性（destroyer）：傳統產業鏈模式進入網路業經營，原先的上下游供應商將解構重組，造成毀滅性災難。

6.降低交易成本（transaction-cost reducer）：網際網路因資訊獲得容易，會減少交易成本中的三項支出：
(1)不確定性（因資訊不對稱、環境變化使未來不確定性增高）。
(2)交易次數（交易成本隨次數增加而增加）。
(3)資產專屬性（固定資產一旦產品消失，會產生重大損失）。

四、網路周邊管理

(一)企業資源規劃

企業資源規劃（Enterprise Resource Planning）為一種用於企業資源整合的科技，核心為資料庫，儲存企業內外商業活動及相關資訊，運用網際網路連結所需單位必要時查詢資料。

(二)顧客關係管理

顧客關係管理（Customer Resource Management）是利用電子化技

術提升企業與顧客關係的方法，一對一自動化行銷是B2C商務範圍。

(三)供應鏈管理

供應鏈管理（Supply Chain Management）為整合採購、生產、客服的流程，提供顧客產品與服務採購、生產與配送活動，涵蓋物流、資訊流、資金流。

(四)大數據

大數據（Mega Data）是將不同作業系統資料整合，經過清洗、轉換、載入後變成組織需要的資料庫。

(五)知識管理

◆知識管理定義

知識管理（Knowledge Management）係指利用電子化將知識分類、吸收、儲存、擴散，增加企業競爭力。透過e化角度，電子商務分為七個流（flow），其中四個主要流（商流、物流、金流、資訊流）及三個次要流（人才流、服務流、設計流）。

1. 商流：商品由製造商、物流中心、零售商轉到商品企劃、採購、銷售、通路、賣場、消費者。此處偏重網站設計，網站就是店面，網站規劃就是店面規劃。
2. 物流：原料轉換成成品，最終送到消費者手中。包含產品開發、製造、儲運、保管、供應商管理；當消費者下單後，消費者必須透過物流系統，拿到貨品。
3. 金流：購買產品的貨款，包含應收、應付、會計、財務、稅務。電子商務最重付款安全機制。
4. 資訊流：上述三項流動造成資訊交換，包含經營決策、管理分析。

5.人才流：主要培訓網際網路、電子商務人才。

6.服務流：將多重服務串聯在一起。

7.設計流：針對B2B協同商務設計，以及針對B電子商務、C商務網站設計。

◆七流功能

企業發現利用電腦運算、大數據及通訊系統可以大幅改善企業與外部顧客互動及內部流程自動化。從資訊角度看，電子商務用電話、行動裝置、網路傳遞訊息、產品或服務。從企業角度看，電子商務是商業交易及工作流程自動化的技術應用。從服務角度看，電子商務是企業為降低服務成本、加速服務傳遞速度的工具。從上網角度看，電子商務提供網際網路上購買、銷售產品和資訊的能力，如**表12-1**所示。

表12-1　電子商務七流功能表

介面	工具	功能	有利對象
資訊角度	電話、行動裝置、網路	‧傳遞產品或服務訊息	員工、消費者
企業角度		‧商業交易自動化 ‧工作流程自動化	
服務角度		‧降低採購、庫存、生產、行銷成本 ‧增加服務	企業、消費者
上網角度		‧商業購買行為 ‧資訊傳遞	

◆電子商務種類

企業對電子商務認定它是一種科技，一個企業經營的工具；網路經濟對企業產生四種重要資源：人才、知識、品牌、關係網絡。電子商務可讓小企業暴衝成長，企業從此無大小之分；電子商務可降低成本、提高效率、減少員工、增加客戶。

電子商務經營種類如下（**圖12-1**）：

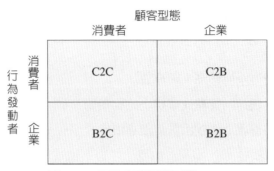

圖12-1　電子商務通路型態

1.企業與顧客間的電子商務（B2C、C2B）：透過網路詢問、報價、訂購、付費、售後服務，一站式處理交易行為。

2.企業與企業間的電子商務（B2B）：將上中下游協力廠商透過網路整合成供應鏈，資訊共享，利益最佳化。

3.企業內部的電子商務：透過網路工具發送電子商務，即時視訊、電子布告欄和內外界溝通；傳遞文件手冊、會議記錄、發布訊息，增加效率降低成本。

4.個人（企業）與顧客間的電子商務（C2C）：「全民創業、萬眾創新」個人企業利用行動裝置、網路經營網路生意。網路虛擬社團、虛擬社區，形成集體購買的議價競爭力。透過網路傳達理念與行動，形成社會新風氣、新面貌。

5.線上購物帶動線下實體經營和消費（O2O）：O2O將實體商店優惠購物消息傳送給互聯網用戶，實體商店將這些網路客戶轉成自己的線上客戶，此模式適合來店消費型企業，如餐飲、健身房、美容。

　　由於美國線上購物消費比例只占總消費的8%，線下實體消費比例高達92%，把線下實體消費者吸引到線上購物消費，成長空間極大。

◆線上對線下（Online vs. Offline, O2O）優勢

1.對客戶：

(1)獲得全面性商家服務資訊。

(2)更快速向實體商家線上諮詢預購。

(3)獲得線下直接消費更優惠價格。

2.對商家：

(1)獲得更多新客戶來店消費。

(2)推廣記錄、交易內容隨時追蹤。

(3)掌握新舊客戶資訊。

(4)雙向立即溝通，增加顧客滿意度。

(5)線上預約，可降低成本。

(6)促銷新產品、推廣新分店省錢、省時。

(7)降低實體店面租金成本。

◆SET

網路交易牽涉到金流，因為是線上付費，為消除消費者金錢損失的疑慮，需要一套網路交易安全機制確保網路買賣的安全性。目前網路交易的安全機制是SET（Secure Electronic Transaction，安全電子交易）。SET是用來保護消費者在開放型網路持卡付款交易安全的標準。它是由VISA、asterCard、IBM、Microsoft、Netscape等公司聯合制訂，運用RSA資料安全的公開鑰匙加密技術，保護交易資料之安全及隱密性。SET是由下列四個成員組成；分別是Electronic Wallet（電子錢包）、Merchant Server（商店端伺服機）、Payment Gateway（付款轉接站）和Certification Authority（認證中心）（圖12-2）。時至今日，SET已成為國際上所公認在Internet電子商業交易的安全標準。

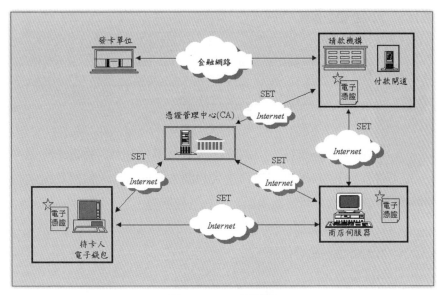

圖12-2　SET架構圖

資料來源：轉載自http://cobra.ee.ntu.edu.tw/~oops/HTML4/09_oralpresent/Group10/
　　　　　E-Commerce.doc

◆行動商務定義

　　行動商務乃是「利用手持的行動設備，藉由不斷地持續上網且
高速的網際網路連線，進行通訊、互動及交易活動。」亦即行動商務
（M-Commerce, Mobile Commerce）就是在行動通訊器材上，執行電子
商務（E-Commerce）。

◆電子商務組合

　　電子商務組合包含電子商務（E Commerce）與行動商務（M
Commerce）兩種。兩者的差異為企業電子化是利用企業內部的有線網
路架構公司內部網際網路進行企業E化。行動商務化是消費者利用手
持、穿戴無線網路設備經不斷地上網，進行通訊、互動、採購商務M
化活動。行動商務（M化）與電子商務（E化）之區別如**表12-2**。

服務業管理概論

表12-2　EC與MC之差異

設備＼範圍	企業外部	企業內部
有線	電子商務	企業電子化（E）
無線	消費者行動商務（M）	企業行動化

1.入口網站（portal）：入口網站就是到其他網站的轉運站，通常靠搜索引擎打關鍵字帶你進入想要去的地方。入口網站是電腦開機後經常被設定的畫面，它有下列優勢：

(1)大量顧客基礎。

(2)網路穩定品牌信任。

(3)行銷力。

(4)管理合作夥伴能力。

(5)資訊技術經驗。

(6)創新力。

(7)需承擔風險。

2.電子零售商（e-tailer）：我們常說的網路創業，就是指在入口網站上開網路商店。行動商務可帶來下列效益：

(1)移動性：隨時隨地連線上網。

(2)速度：第4代光纖網路速度產生接近零的成本。

(3)追蹤：透過GPS地球軌道衛星連線，隱私無所遁形。

(4)個人化：個人化行銷、個人化服務。

(5)安全性：SIM（subscriber identity module）智慧卡加密技術，增加安全性。

3.電子商務行銷新觀念：電子商務具備趨於零的運算成本、趨於零的溝通成本、趨於零的運輸成本、趨於零的監控成本。電子商務行銷組合4C取代傳統行銷組合4P，即：

(1)顧客需求取代產品。

(2)顧客成本取代價錢。

(3)便利取代通路。

(4)溝通取代促銷。

五、物聯網與互聯網

(一)物聯網與互聯網差異

「物聯網」（The Internet of Things）是新一代網路技術，顧名思義就是「物物相連的網際網路」，具有兩層意義：(1)物聯網的核心基礎是互聯網，向外放射性延伸的網絡；(2)物聯網用戶端延伸和擴展到了物體與物體之間，進行資訊交換。

「物聯網」的定義：「把感測器裝置到各種物件上，並透過網際網路連接，達到遠端控制、實現物與物直接通訊。在物件上植入感應晶片賦予物件『智能』，可實現人與物溝通，物與物溝通的網路。」

「互聯網」（internet）是利用網際網路將各網站用虛擬連結在一起之意，物聯網是N個互聯網組合起來的。

(二)網路的未來──物聯網

物聯網世界，人與人間可透過有線或無線網路聯繫，並從中獲得資訊。物聯網發展物與物溝通，人對4A聯網（anytime、anywhere、anything、anyone）的智慧地球，包含金融、通訊、航太、能源、政府行政、醫療保健等領域，若將感應器嵌入鐵路、橋樑、隧道、公路、建築、給水、油氣等物體中所形成的物聯網，可促進經濟、就業、通訊互動平台。企業將晶片植入產品中，可追蹤產品；農工將溫濕度感應裝置於農田可掌握生長情形；將感應放置屋內可照顧生活起居。物聯網發展，將會根本改變人類的生活方式。

物聯網應用廣泛，融合通訊技術（ICT），將感測器、無線通訊、網際網路、工業控制、嵌入系統，進行整合，並搭配雲端運算提供服務；所牽涉的技術包含：RFID（radio-frequency identification）、標籤製造、感測器讀取器製造、系統整合、雲端服務等。美國研究機構預測，物聯網商機比互聯網大30倍，將是下一個兆元商機。在物聯網產業鏈中，以RFID電子標籤技術被廣泛利用，即一般所稱的「條碼」，經過讀碼機（code reader）紅外線掃描解碼，就能達到辨識、分類、販售、儲存等。若洗衣機、電表放置晶片，利用手機便可隨時隨地洗衣或斷電。

 第二節　網路行銷

一、網路行銷定義

傳統行銷是一種移轉的過程，透過規劃與執行，將有形產品、無形服務進行交易，因此行銷的四要素：主體（生產者、消費者）、客體（產品、服務）、過程（企業活動）、目的（銷售）。單向傳統行銷法在網路行銷世界加入了顧客的意見與回饋，推出產品或服務更能符合消費者意願。

「網路行銷」定義：

網路行銷（internet marketing）＝網際網路（internet）＋行銷活動（marketing）＋管理活動（management）

二、網路行銷特性

網路行銷特性：

1. 多對多溝通：網路平台可同時多人參與溝通。
2. 匿名性：即使是用匿名方式上網，網路管理者仍可用使用者註冊及cookie兩種方式來辨識使用者。
3. 無疆界性：網路是跨國界的工具。
4. 無政府限制：雖然網站名稱在當地國登記，但架設網站地點可能在他國，當地國無管轄權。
5. 禮物經濟：消費者已經習慣免費使用網路。
6. 網路文化：網路禮節。

三、傳統行銷與網路行銷

網際網路的產業遊戲規則也虛擬化，網路世界不屬於任何人，傳統行銷方式已經無法滿足虛擬海闊天空的環境。網際網路最大的特點就是企業可以與顧客互動，使產品更能符合顧客需求，可縮短製造產品摸索階段，付款系統更有效率，降低企業經營成本。同時可幫助企業多項行銷功能。

網路行銷思考邏輯是「由外而內」而非傳統行銷「由內而外」方式，第一步驟就是分析各種行銷環境和消費者行為，在原有基礎上加入數位化虛擬空間概念，現在來比較傳統行銷與網路行銷的差異如**表12-3**。

服務業管理概論

表12-3 傳統行銷與網路行銷差異

比較項目	傳統行銷	網路行銷
購買資訊	固定範圍 一對一	海闊天空 一對一、一對多
購買目的	買家與閒逛者都有	買家居多
購買距離	距離有限	距離無限
購買時間	固定時間	24/7、全年無休

四、網路行銷策略

(一)網路行銷4P

與傳統4P不太一樣的網路4P內容如下:

◆產品（product）

1.適合網路販售的產品。

2.建立個性化網站。

◆價格（price）

由買方先訂定價格,再由e-commerce網站居中撮合,採取下列方式進行買賣:

1.向上議價:即競價標購,最高者得標。

2.向下議價:即群體議價,也就是團購,消費者可取得優惠價格。

　(1)階梯式定價:購買人數達到一定數量時,價格下降一階,人數越多,降幅越大。

　(2)滑溜曲線定價:每多一人,價格下降一階。

◆促銷（promotion）

1.廣告：利用大眾媒體，採一對多將訊息傳給目標群體。

2.公關：利用新聞報導免費將產品資訊公布給大眾。

3.人員銷售：採一對一、面對面的個性化小眾行銷。

4.銷售促銷：用優惠方式銷售產品；如降價、贈品、搭配。

  (1)促銷目的：

    ．吸引顧客：在其他網站放置標題廣告，讓更多消費者知道。

    ．留住顧客：提供完整產品資訊、FAQ、Q&A、線上諮詢。

    ．重要參訪：消費者隨時上網瀏覽最新訊息。

  (2)設計促銷活動方式：

    ．內容：網路隨時更新產品內容資訊，提供消費者購買參考依據。

    ．廣告：廣告焦點在非產品相關內容，廣告只能提供低涉入產品，無法直接創造價值。

    ．購買設施：訂購、付款、配送整合一起，可在家採購掌握整個流程。

◆通路（place）

網路通路方式有二：拉取（pull）式和推送（push）式。

1.拉取式：

  (1)瀏覽搜尋：瀏覽是短時間能大量瞭解資訊的方式。

  (2)搜尋引擎：用關鍵字利用搜尋引擎尋找web資訊。

2.推送式：

  (1)利用電子郵件：用郵件根據特定客戶散發網路廣告；網站另提供「電子報」訂購。

  (2)網路傳播：與網路系統公司合作，利用網路公司大數據將產

品畫面同時傳給多數人。

(3)瀏覽器應用：瀏覽器廠商在新版瀏覽器中加入「主動傳播頻道」，將技術概念帶入www之中，系統會定期傳送資訊到消費者郵件。

3.拉取與推送應用：

(1)Pull與Push配合：適時Push一些資訊給顧客，然後Pull的回饋產生互動。

(2)推送技術的影響：隨著技術成熟，網友只要「被動」等資訊「推」上門。

◆社群網站

1.病毒式行銷：網友發現新鮮事，會一傳十、十傳百像病毒般迅速蔓延。

2.網際網路的限制：網路訊號0、1編碼傳輸的是外顯資訊非內隱資訊。

(1)建立虛擬社群四種基礎

· 興趣：進入社群網站的人都對同一或類似議題產生興趣。

· 人際關係：新人不斷地進入網站，互動能夠結交新朋友。

· 幻想：虛擬網站讓人產生無限幻想。

· 交易：線上討論交換買賣經驗情報，隨時會產生交易。

(2)社群網站分類

· 消費者社群網站：「客制化」行銷產品或服務。

· 產業型社群網站：產業間競合重整，共生關係。

· 溝通型社群網站：以公益型、社區型、社團型。

(二)網路行銷組合4C

　　網路行銷組合4C分別為：顧客需求（customer needs and wants）、顧客成本（cost of customer）、便利（convenience）和溝通（communication）。網路行銷正符合「顧客需求」、「成本低廉」、「購買方便」、「充分溝通」的顧客要求。網際網路對行銷活動產生巨大的變化與影響，Albert Angehrn提出ICDT模式，將網際網路行銷4C決策區劃分為四組，建議企業針對本身條件進行網路行銷策略組合（**圖12-3**）。

◆**網路行銷**4C＋4P

　　彙整如**表12-4**所示。

表12-4　網路行銷4C＋4P

產品product （先回應顧客需求，以滿足顧客優先） customer needs and wants	價格price （考慮顧客期望的價格） cost of customer	通路place （以顧客方便取得產品為考量） convenience	推廣promotion （加強與顧客互動） communication
・網路產品決策 ・網路產品定位決策 ・網路產品組合決策 ・數位內容決策 ・網路品牌決策 ・網路CIS決策	・網路產品動態定價 ・線上議價 ・網路拍賣 ・免費贈品 ・網路搭售	・去中介、新中介 ・逆物流處理 ・第三方物流 ・電子距離對實體距離 ・線上安裝、線上更新 ・線上宅配	・網路廣告 ・網路人員銷售 ・網路促銷 ・網路公共關係 ・網路直效行銷

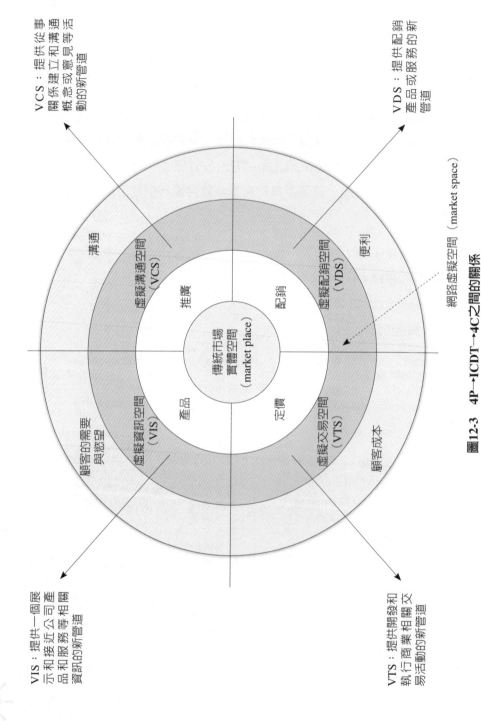

VCS：提供從事關係建立和意見活動的新管道、概念或溝通等

VDS：提供配銷產品或服務的新管道

VIS：提供一個展示和接近公司產品和服務等相關資訊的新管道

VTS：提供開發和執行商業相關交易活動的新管道

溝通

便利

顧客的需要與慾望

顧客成本

虛擬溝通空間（VCS）

推廣

配銷

虛擬配銷空間（VDS）

傳統市場實體空間（market place）

虛擬資訊空間（VIS）

產品

定價

虛擬交易空間（VTS）

網路虛擬空間（market space）

圖12-3　4P→ICDT→4C之間的關係

◆網路行銷組合4R＋4C＋4P

新經濟時代除了4P＋4C外，學者認為更重要的是把與顧客的關係做好的4R（**表12-5**）：

1.良好顧客關係（relationship）

2.提供資訊減少顧客不便（retrenchment）

3.專精服務建立專業形象（relevancy）

4.給予顧客附帶獎賞（reward）。

表12-5　網路行銷組合4R+4C+4P

行銷4R	行銷4C	行銷4P
良好顧客關係	顧客需求	產品
提供資訊減少顧客不便	便利	通路
專精服務建立專業形象	溝通	推廣
給予顧客附帶獎賞	成本	價格

第十三章

服務創新與創業管理

- 服務創新
- 創業管理

第一節　服務創新

一、創意

(一)創意五階段

有助於解決問題達成目標的想法與方法，就叫創意。創意是人類智慧行為，創意包含想像力、色彩感、形體感和韻律感。通常創意要經過五個階段：

1. 準備（preparation）。
2. 投入（effort）。
3. 醞釀（incubation）。
4. 頓悟（insight）。
5. 評估（evaluation）。

(二)創意四能力

有創意的人具備四項能力：

1. 吸收能力。
2. 記憶能力。
3. 理解能力。
4. 創造能力。

二、創新

(一)創新的特色

創新是現代企業生存發展的關鍵，但創新點子不是突然冒出來的，有人相信新點子有如牛頓見蘋果落地就發現地心引力一樣簡單，其實創新點子是由企業內部上層、中層、基層和外部協力單位共同激盪、討論、調整、爭辯產生的。創新有三個特色：同化（assimilation）、區隔（distinction）、整合（synthesis）。

1. 同化：改善現有服務，建立新流程。
2. 區隔：服務創新不同於產品創新，它強調組織流程和人際互動展現在形式、特徵與層級差異，而這些差異又進一步顯示在新服務概念、新顧客介面、新服務傳遞。
3. 整合：在產品與消費聚焦收斂，是創新環繞在技術創新與非技術創新之間，包含策略創新、資源承諾、管理支持。

(二)創新種類

哈佛學者Christensen將創新分為維持性創新（sustaining innovation）和破壞性創新（disruptive innovation）兩種。

1. 維持性創新：產品既有性能的改善提升，已經領先的業界企業為了繼續領先，喜好局部改善的創新，以保持繼續獲利。
2. 破壞性創新：真正取得巨大成功的創新，產生一個新市場，在新技術推出之前市場很小，領先企業對它很陌生，這也讓小型公司有機會快速成長並建立利基。很難準確預估破壞性創新的成長，因為它還未出現。

(三)創新者優勢

創新先行者（first-mover advantages）有下列優勢：

1.品牌忠誠和技術領先。
2.稀有資產先占。
3.利用買家轉換成本。
4.投資報酬率遞增趨勢。

三、創新認知理論

「主導邏輯」可看成是個人認知導向或心靈地圖，創新有「產品主導邏輯」（Goods-Dominant Logic, G-D Logic）、「資源基礎理論」（Resource-Based Approach）、「服務主導邏輯」（Service-Dominant Logic, S-D Logic）三種認知基礎。

(一)產品主導邏輯

基層員工能夠創新什麼（what）？何時創新（when）？如何創新（how）？

「產品主導邏輯」的產品創新是技術導向？還是理論導向？它可能是產品改善、程序改善、服務改善。創新點子要物質改變創新？還是傳遞改變創新？若是傳遞改變創新，創新是要在外貌？技術？程序？還是市場改變？

(二)資源基礎理論

「資源基礎理論」強調企業創新都是在程序中加入四種要素：

1.資產。
2.競爭性。

3.組織規模。

4.關係。

　　有時創新是企業內部程序和價值附加活動的產出，企業是創新者也是受益者。這些創新都是內部應用和研發人員創造的營業秘密或智慧財產，創新很難從外部獲得資源來創新。上述四種要素配合產生綜效，加上內部組織發展，新的創新服務會源源不絕產生。

(三)服務主導邏輯

　　Normann主張「服務主導邏輯」取代產品邏輯，是一對一之間互動，價值是從互動中產生。服務主導邏輯原始不是針對服務而是一個產出，經由業者與消費者雙方整合，共同培育出創造方式。服務主導邏輯創新似乎沒有技術性，它是用新方法在不同內涵、時間和地點操作的過程。「服務主導邏輯」（S-D Logic）強調知識是整合資源的，基層員工能夠創新除了知識整合外，顧客也是共同價值創造者，他們與員工密切互動創造了價值活動。

　　員工「顧客中心」（customer-centric）觀點從顧客出發，他們對產品與顧客細節瞭若指掌，也能夠將產品與各種資源結合，加上自己創新元素，也能將創新服務的價值傳遞給顧客。

　　重點是誰能夠將資源、內涵和經驗整合，然後創造價值就是服務主導邏輯的受益人。當然這也需要企業原本競爭力，在「民主開放程序中」（open and democratized process）與外部參與者不斷整合、調整和轉化服務內涵而成。服務主導創新是與顧客互動創造出來的，不能分割產品或服務，消費者可以藉調整自己配合服務，從中獲得本身最有價值的結果，他們是服務創新的共同創造者。

四、服務創新

(一)服務創新定義

服務創新（New Service Development, NSD）定義：「一種整合科技、商業模式、社會組織、需求、物質，為改善現存服務，創造出新服務或服務系統」的服務科學。傳統改善現有服務的連結僅屬於防衛性及維持現有客戶；服務創新則屬於攻擊性，不僅維持舊客戶還可開拓新客源。服務創新特別強調資訊、知識和科技活化。

(二)服務創新特質

服務創新有六個重要特質：

1.新穎性（novelty）：結合或改良現在的服務、容量和資源造福顧客。

2.再生性（reproducibility）：同時服務幾位客人，或是內部程序制度化。

3.顧客參與（customer involvement）：服務要有消費者的參與。

4.激進服務（radical service）：較強的策略衝擊。

5.增量服務（incremental service）：較弱的策略衝擊。

6.階段性過程參與（process involving several phases）：員工與顧客參與。

油電混合車是產品創新；UPS協助開發更有效率配送系統是流程創新；激進式創新是產品創新導致流程創新，自動炒菜機就是產品創新導致機器完全取代人工炒菜流程創新；漸進式創新在既有基礎上改進。

Hayes主張「新經濟」（new economy）內涵都是要累積數據、分

析數據，從分析中發現新趨勢與網路連結，成為一種創新，產生新服務或產品，臉書（Facebook）、谷歌（google）、阿里巴巴是此種服務創新的卓越企業。因此，發展服務創新開發網路服務是一個關鍵；搭配跨組織關係資源（異業結盟）也是一項創新。創新強調公司外部資源的重要，創新產品或服務都是在外部環境找到的，缺少外部資源企業很難進行創新服務安排。

五、資源整合

創新型企業的創新有「服務創新」、「流程創新」、「組織創新」。服務創新是現有的服務做重大改善；流程創新是運用重要的改善方法發展新服務；組織創新是新服務會進行組織變革。

顧客需求微而不顯，不易察覺，基層員工承認早期的內部資源整合是成功的關鍵。第一線人員與顧客直接互動可得到創新點子，重要性不言可喻，他們瞭解顧客需求（顧客知識）、組織能耐（產品知識）以及改善方式（操作知識），因跨功能參與創新，成員會產生衝突，若有專家知識的參與就會降低衝突頻率，但仍需要花時間與金錢在溝通協調上，基層要儘量早參與員工導向的創新，能夠減少創新時錯誤比例，越早參與效果越大。如旅館經過授權，基層整合出新的套餐服務、養身菜單、油壓按摩、健美課程，因為他們最懂得顧客需求，可從顧客、產品、操作知識組合中貢獻出創新服務。

服務創新需要跨部門不同專業的基層員工高度參與互動，經過授權面對面討論集會，勇於發表有關如何修正創新點子設計，以及解決讓不同階層顧客使用中會遇到的問題。創新團隊創造了「知識分享」機制，探討如何創造新的與改善舊的。被動參與若是「抓公差」或「上面交代」來開會行禮如儀一趟，散會後又各自歸建，對創新服務的啟蒙、設計、發展、測試、修正、再測試、推出，毫無幫助。

第二節　創業管理

一、創業家

(一)創業家定義

創業是創造一個新事業，對創業者來說創業是獨一無二的，無前例可循基本上跟發明有異曲同工之妙。創造力是指問題情境中超越既有經驗，突破習慣限制，形成嶄新概念的心路歷程。換言之，創造力是不受任何限制能靈活運用經驗解決問題的超常能力，具備此種能力的人就稱為「創業家」（entrepreneur）。創業家人格特質必須具備「顧客導向」，因為他要解決顧客不便的問題，能用毅力面對現實的無情，必須具備數字觀念，知道可能風險何在，學習與他人合作能力。

(二)創業家具備能力

創業家在思路上要具備：

1.流暢性（fluency）：聯想力與組合能力要強。
2.變通性（flexibility）：能夠舉一反三、隨機應變，不拘泥形式。
3.獨創性（originality）：思考模式與他人相異，能將不相關事務結合成新事物。

二、創業

　　創業是人類追求機會、實現自利目標、達成自我實現的一種行為。創業精神（entrepreneurship）並非僅僅是創立「新」組織，或是將原有已做過的事做得更好而已，創業家精神的核心價值在承擔風險，運用生產投入與技術進行生產活動，並轉化為市場價值，貢獻社會富有自己。

(一)創業機會

1.分析或意外事件發掘的機會。

2.分析矛盾現象發掘的機會。

3.分析作業程序不便發掘的機會。

4.分析產業與市場缺口發掘的機會。

5.分析人口統計資料趨勢發掘的機會。

6.價值觀和認知改變發掘的機會。

7.新知識產生發掘的機會。

(二)創業家盲點

1.剛愎自用：創業者須具備運用機會與掌握風險的能力，或對自己的行事有堅決的自信，才能將自主的個人性格特徵充分發揮。

2.過度誇大：但是創業者過於自信，一味吹捧自己產品概念的優越性，甚至大力抨擊競爭產品的缺點，完全忽視自己的弱點與不足之處，就會迷失創業背後的可能風險。

3.一意孤行：若是發現企業陷入危機，卻不虛心面對自己的缺點、不聽專業人士的建議，這種生存在創業夢幻中的創業者，往往要到創業面臨高度危機時，才會有所覺醒，不過常常為時

服務業管理概論

已晚，而讓創業失敗收場。

4.數字觀念差：對時間、金錢觀念不清，造成預算失控。

5.經驗技術層次不足：具備經驗、技術層次不高，增加創業風
　險。

6.害怕失敗：可能孤注一擲，若失敗毫無翻身機會。

(三)創業家的兩難

　　創業家是企業的化身，獨特的創造與商業創新結合的結果，反
映出創業家在創意、創新、創業的核心價值，獨特風格這是自信。但
是，創業對他來說雖是獨一無二的，但是他所創的事業顯然社會上類
似的企業多如過江之鯽，自稱創新，也只不過是安慰自己。由於在
創業的摸索過程中，篳路藍縷、披荊斬棘，通過自己從未經驗過的難
關，難免反射出過度自信的自大，會認為從此一片坦途。但若將考驗
過的難關攤開來看，跟未來要面對的難關相比，可能是小巫見大巫。
創業中處處是學問，在摸索過程，因為本身非專業之故會遭遇各種困
難，道聽塗說人云亦云可能會錯失機會；糊塗膽大勇往直前可能會率
先陣亡；畏縮觀望無法果斷也可能讓創業陷入危機。創業家在創業過
程中，如同將軍作戰，會不斷地面對十字路口的抉擇。

三、創業項目評估

　　創業之前要先做好功課，瞭解創業的各種情況，才不至於盲人瞎
馬，進退失據。創業要考慮自己產品的：

1.市場利基：本身產品或服務具備何種競爭力，能夠擊敗目前同
　類市場指標企業的機率有多少？

2.市場結構：產品使用的年齡層是誰？

3.市場規模：產品所在的市場規模有多大？

4.市場滲透力：產品切入市場的能力有多大？

5.市場占有率：產品預估市場占有率是多少？

四、創業項目構想評估

1.經過創業項目的初步評估，創業機會在市場上的存活率有多大？應該略有概念，所以不能憑藉一時的熱情和理想，必須審慎評估。

2.你的創業方式與其他競爭者比較，過人之處在哪裡？不足之處又在哪裡？你成功的機率高過競爭者嗎？

3.你創業想法是否可行？是否鎖定在一個進可攻、退可守的範圍內。創業想法有無法律禁止的限制？如何獲利？多久可以獲利？資金來源如何？資金運用分配如何？

4.創業地點能夠幫你實現創業計畫嗎？場地租金多少？場地夠不夠用？交通方便嗎？店面會有人潮聚集嗎？

5.創業想法是否確實檢討過，創業模式初期要投資多少？有無過度樂觀市場未來性？你的目標市場清楚嗎？

6.你的創業想法有擴展的潛力嗎？投入產業能夠複製嗎？

7.你創業想法對社會有貢獻嗎？能夠提高人類生活福祉嗎？會讓世界美好嗎？

五、資本與獲利評估

1.毛利：

售價－成本＝毛利

2.稅後淨利：

總營收－總支出－付稅＝稅後淨利

3.損益平衡點：

營業額×毛利率＝固定開銷＋庫存、折舊＋投資報酬攤提

【例】月營業額20萬，毛利率70％，投資60萬，（5年折舊）每
月1萬，投資5年回收（每月1萬），每月固定開支（房租
＋人事＋水電雜支）＝12萬

計算公式：

20萬×70％毛利率＝12萬＋1萬＋1萬＝損益平衡點

4.投資報酬率：

資本週轉率＝銷貨淨額／平均資本

資本週轉次數為3/4

平均資本＝60/0.75＝80萬

投資報酬率＝稅後淨利／平均資產

在無負債及稅賦情況下，平均資產＝平均資本，營業淨利＝稅
後淨利

投資報酬率＝稅後淨利／平均資產＝（20－14）/80＝7.5％

5.資本需求：用於營業的固定資本。

6.企業價值（Enterprise Value, EV）：

企業價值＝（營業現金流量現值＋稅後非營業現金流量＋有價
證券現值）＝股東權益價值總和＋負債現值

7.退出機制：結束營業時的供應商與銀行債務、員工資遣、設備
拍賣等。

六、SWOT分析

SWOT分析是企業進入市場前對本身產品在市場上的競爭能力分
析，根據企業優勢、企業劣勢、企業機會、企業威脅四個方面，剖析
企業目前的情況。

1.優勢（Strength）：企業的競爭力。

2.劣勢（Weakness）：企業的弱點。

3.機會（Opportunity）：企業可能的發展機會。

4.威脅（Threat）：企業可能的危機。

七、創業計畫書

1.撰寫創業計畫書：將創業細節逐項列出可以一目了然目前自身的狀況如何，如能力問題、集資問題、經營問題、市場問題、風險問題等，能夠未雨綢繆以備不時之需。創業計畫書包含：創業動機、創業項目、創業成員、管理經驗、項目優勢、目標市場、行銷計畫、資金來源、資金分配比例、獲利預估、創業風險、還款計畫。

2.創業資金來源：自籌資金、親友借貸、銀行借貸、政府補助、天使／創投基金。

八、創業育成中心或直接創業

到目前為止都是紙上談兵，接下來要面對市場現實，創業看似實現夢想的美妙途徑，但也可能是萬劫不復的深淵。創業之前你可能需要具備經營企業的知識，創業育成中心是一個不錯的選擇，它可以輔導你逐步建立自信，面對現實。你也可以直接創業，創業初期，最好讓你的創業行動，在可控制財務管理的範圍內，先從一個很小的創業點子，慢慢形成一個小型的創業計畫，待建立扎實的基礎之後，再逐步擴充成長。創業重點不在於創意點子本身有多神奇，而在於如何理性面對創業過程的痛苦過程，亦即如何解決創業過程的一連串艱辛。

九、選擇投資量化方法

折現現金流量法（discounted cash flow methods）——在已知風

險下預期時間內收益是否超過支出的量化法；用「淨現值」法（Net Present Value, NPV）或「內部報酬率」法（Internal Rate of Return, IRR）考量回收期、風險、資金、時間價值。淨現值關注的是在已知特定支出水準、特定現金流的流量和利率，以及在特定折現率下，該投資今日的價值多少？投資風險較高的專案多用此法，其公式為：

淨現值＝目前現金流入價值－目前現金流出價值

「內部報酬率」則是在特定支出水準、特定現金流的流量與利率下，該投資可有多少報酬率？

十、結語

馬斯洛需求層次理論的最高境界就是個人的「自我實現」，創業就是個人企圖達成的「自我實現」。有企圖心的人都有夢想有朝一日能夠成為馬雲、郭台銘第二，但是你有像他們一樣堅毅不拔、義無反顧、不屈不撓的決心與毅力嗎？不可諱言，統計數字告訴我們創業成功的比例微乎其微，絕大多數的創業者都陣亡在創業的沙灘上。但是當臨終留言時，是否有一絲後悔當初關鍵時刻的優柔寡斷、裹足不前，讓你錯失可能成為「X雲、X台銘」的機會而只能抱憾以終。「臨淵羨魚，不如退而結網」，套一句小米手機執行長雷軍的名言：「只要機會來了，豬都可以飛上天」。抗戰八年間軍民所過的生活只有痛苦、悲慘、犧牲、堅持、等待，終於核子威力讓挺過水火2,920天的苦難中華民國成功了。最後，再引用台灣經營之神王永慶的名言：「天下沒有不可能的成功，但是天下也沒有簡單的成功」。想創業的朋友，你有破釜沉舟、背水一戰的決心與毅力挺過各種隨時致命的難關嗎？共勉之。

參考文獻

一、英文部分

Ahmed, P. and Rafiq, M. (2003). "Internal marketing issues and challenges", *European Journal of Marketing, Vol. 37*, No. 9, pp. 1177-1186.

Akerlof, G. A. (1970). "The market for 'Lemons': Quality uncertainty and the market mechanism", *Quarterly Journal of Economics, Vol. 84*, No. 3, pp. 488-500.

Andreassen, T. W. (2000). "Antecedents to satisfaction with service recovery", *European Journal of Marketing, Vol. 34*, NOs1/2, pp. 156-175.

Anonymous (2012). "Social media raises the stakes for customer service", speech on May 2nd, eastern time, U.S.A., available at: *International Journal of Marketing, Vol. 34*, NOs 1/2, pp. 156-175.

Ashton, K. (1999). *The Internet of Things*. coined in MIT, U.S.A.

Aspinall, P. A. (2001). "Building behavior", *Building Services Engineer, Vol. 22*, No. 1, pp. 34-46.

Baba, V. V. and Hakem Zadeh, F. (2012). "Toward a theory of evidence based decision making", *Management Decision, Vol. 50*, No. 5, pp. 832-867.

Baron, S., Richardson, B., Earles, D. and Khogeer, Y. (2011). "Marketing academics and practitioners: towards togetherness", *Journal of Customer Behavior, Vol. 10*, No. 3, pp. 291-304.

Belk, R. (2010). "Sharing", *Journal of Consumer Research, Vol. 36*, No. 5, pp. 715-734.

Bellizzi, J. A., Crowley, A. E. and Hasty, R. W. (1983). "The effects of color in store design," *Journal of Retailing, Vol. 59*, No. 1, pp. 21-45.

Berry, L. L. (1999). *Discovering the Soul of Service: The Nine Drivers of Sustainable Business Success*. Free Press, New York, NY.

Bies, R. J. and Shapiro, D. L. (1987). "Interactional fairness judgments: The influence of causal accounts", *Social Justice Research, 1*, 199-218.

Bither, S. W. and Ungson, B. (1975). *Consumer Information Processing Research: An Evaluation Reviews*. Working Paper, Pennsylvania State University.

Bitner, M. J., Booms, B. H. and Mohr, L. A. (1994). "Critical service encounters: The employee's viewpoint", *Journal of Marketing, Vol. 58*, October, pp. 95-106.

Blodgett, J. G., Hill, D. J. and Tax, S. S. (1997). "The effects of distributive, procedural, and interactional justice on postcomplaint behavior", *Journal of Retailing, 73*(2), 185-210.

Bolton, R. N., Kannan, P. K. and Bramlett, M. D. (2000). "Implications of loyalty program membership and service experiences for consumer retention and value", *Journal of the Academy of Marketing Science, Vol. 28,* No. 1, pp. 95-101.

Boulding, W., Kalra, A., Staelin, R. and Zeithaml, V. A. (1993). "A dynamic process model of service quality: From expectation to behavioral intentions", *Journal of Marketing Research, Vol. xx*, No. 3, February, pp. 7-27.

Broadbent, T. (2000). *How Every Little Help was A Big Help to Tesco*. In Advertising Works II, chapter 1 World Adverting Research Center, Henley-on-Thames.

Brogowicz, A. A., Delene, L. M. and Lyth, D. M. (1990). "A synthesized service quality model with managerial implications", *International Journal of Service Industry Management, 1*(1), 39.

Brown, S. A. (2000). *Customer Relationship Management*. John Wiley & Sons, Toronto.

Bruhn, M. (2005). *Relationship Marketing*. Pearson Education, Limited.

Burgelman, R. A. (2001). *Strategy is Destiny: How Strategic-Making Shapes a Company's Future*. Free Press, New York, NY.

Cadwallader, S., Jarvis, C. B., Bitner, M. J. and Ostrom, A. (2010). "Frontline employee motivation to participate in service innovation implementation",

Journal of the Academy of Marketing Science, Vol. 38, No. 2, pp. 219-39.

Cave, S. (1999). *Applying Psychology to the Environment*. London: Hodder & Stoughton, 24.

Chevalier, J. A. and Mayzlin, D. (2006). "The effect of word of mouth on sales: Online book reviews", *Journal of Marking Research, Vol. 43*, No. 3, pp. 345-354.

Christensen, C. M. and Raynor, M. E. (2003). *The Innovator's Solution: Creating and Sustaining Successful Growth*. Havard Business School.

Christensen, C. M. (1997). *The Innovator's Dilemma.* When New Technologies Cause Great Firms to Fail (Management of Innovation and Change Series)., June, Harvard Business School Press.

Christopher, A. B. and Ghoshal, S. (2000). *Transnational Management: Text, Cases, and Readings in Cross-Border Management*, 3rd, McGraw-Hill Com.

Chon, K. S. and Sparrow, R. T. (1995). *Welcome to Hospitality*. South-Western Publishing Company, Cincinnati, Ohio.

Collins, J. (2009). *How the Mighty Fall: And Why Some Companies Never Give in.* Harpercollins.

Conlon, D. E. and Murray, N. M. (1996). "Customer perception of corporate responses to product complaints: The role of explanations", *Academy of Management Journal, Vol. 39*, August, pp. 1040-1056.

Cornelissen, J. P. and Lock, A. R. (2005). "The uses of marketing theory: Constructs, research propositions, and managerial implications", *Marketing Theory, Vol. 5*, No. 2, pp. 165-184.

Davidow, M. (2003). "Organizational responses to customer complaints: what works and what doesn't", *Journal of Service Research, Vol. 5*, No. 3, pp. 225-250.

Dens, N., De Pelsmacker, P. and Purnawirawan, N. (2015). "We(b)care" How review set balance moderates the appropriate response strategy to negative online reviews", *Journal of Service Management, Vol. 26*, No. 3, pp. 486-515.

Deutsch, M. (1985). *Distributive Justive*. New Haven, CT: Yale University Press.

服務業 管理概論

Dick, A. S. and Basu, K. (1994). "Customer loyalty: Toward and integrated conceptual framework", *Journal of the Academy of Marketing Science, Vol. 22*, No. 2, pp. 99-113.

Doh, S. J. and Hwang, J. S. (2009). "How consumers evaluate eWOM (electronic word-of-mouth) messages", *Cyberpsychology & Behavior, Vol. 12*, No. 2, pp. 35-51.

Dölarslan, E. S. (2014). "Assessing the effects of satisfaction and value on customer loyalty behaviors in services environments: High-speed railway in Turkey as a case study", *Management Research Review, Vol. 37*, No. 8, pp. 706-727.

Dreyer, I. (2004). "Identifying innovation in surveys of services: A schumpeterian perspective", *Research Policy, Vol. 33*, No. 2, pp. 551-562.

Drollinger, T. and Comer, I. B. (2013). "Saleperson's listening ability as an antecedent to relationship selling", *Journal of Business and Industrial Marketing, Vol. 28*, No. 1, pp. 50-59.

Dudovskiy, J. (2012). "Cycles of failure and cycles of success and their implication on service profit chain", posted on Nov. 27th, *SAP Success Factors.*

Edvardsson, B. (1988). "Service quality in customer relationships: A study of critical incidents in mechanical engineering companies", *The Service Industries Journal, Vol. 8,* No. 4, pp. 427-445.

Firebaugh, W. C. (1923). *The Inns of Greece and Rome: And a History of Hospitality from the Dawn of Times to The Middle Ages.* Chicago, F. M. Morris Comp.

Fournier, S. (1998). "Consumers and their brands: developing relationship theory in consumer research", *Journal of Consumer Research, Vol. 24*, No. 4, pp. 343-373.

Fournier, S. and Yao, J. L. (1997). "Reviving brand loyalty: a reconceptualization within the framework of consumer-brand relationships", *International Journal of Research in Marketing, Vol. 14,* No. 5, pp. 451-472.

Gallouoj, F. and Savona, M. (2009). "Innovation in services: a review of the

debate and a research agenda", *Journal of Evolutionary Economics, Vol. 19,* No. 2, pp. 149-172.

Gallouj, F. and Weinstein, O. (1997). "Innovation in services", *Research Policy, Vol. 26,* Nos 4/5, pp. 537-556.

Garder, H. (1987). *The Mind's New Science: A History of the Cognitive Revolution.* A Number of the Perseus Books Group.

Gilliland, S. W. (1993). "The perceived fairness of selection systems: An organizational justice perspective", *Academy of Management Review, 18*(4), 694-734.

Goodwin, C. and Ross, I. (1992). "Consumer response to service failure: Influence of procedural and interactional fairness perceptions", *Journal of Business Research, 25*(2), 149-163.

Greenberg, J. (1990). "Organizational justice: Yesterday, Today & Tomorrow", *Journal of Management, 16*(2), 399-432.

Griffin, A. (1997). "PDMA research on new product development practices", *Journal of Product Innovation Management, Vol. 14,* No. 6, pp. 429-458.

Grönroos, C. (2011). "Value co-creation in service logic: A critical analysis", *Marketing Theory, Vol. 11,* No. 3, pp. 279-301.

Gummesson, E. and Mele, C. (2010). "Marketing as value co-creation through network interaction and resource integration", *Journal of Business Market Management, Vol. 4,* No. 4, pp. 181-198.

Hart, C. W. and Johnson, M. D. (1999). "Growing the trust relationship", *Marketing Management*, Spring, pp. 9-19.

Hoffman, K. D., Kelley, S. W. and Rotalsky, H. M. (1995). "Tracking service failures and employee recovery efforts", *Journal of Service Marketing, Vol. 9,* No. 2, pp. 49-61.

Hofstede, G. (1983). "National cultures in four dimensions", *International Studies of Management & Organization, 13*(1/2), 46-74.

Hunt, S. D. (2002). *Foundations of Marketing Theory: Toward a General Theory of Marketing.* Armonk, NY: Sharpe.

Johnston, T. C. and Hewa, M. A. (1997). "Fixing service failures", *Industrial*

Marketing Management, 26, 467-473.

Kalakota, R. and Robinson, M. (1999). *Strategic Brand Management*. Prentice-Hall, Upper Saddle River, NJ.

Kauppinen-Raisanen, H. and Gronroos, C. (2015). "Are service marketing models really used in modern practice?", *Journal of Service Management, Vol. 26,* No. 3, pp. 346-371.

Keller, K. L. (1998). *Strategic Brand Management*, Prentice-Hall, Upper Saddle River, NJ.

Kelley, S. W., Hoffman, K. D. and Davis, M. A. (1993). "A typology of retail failures and recoveries", *Journal of Retailing, Vol. 69,* No. 4, pp. 429-452.

Kerkhof, P., Utz, S. and Beukeboom, C. (2010). "The ironic effects of organizational responses to negative online consumer reviews", Preceedings of the 9th International Conference on Research in Advertising (ICORIA). Madrid, June 25-26.

Kesting, P. and Ulhøi, J. P. (2010). "Employee-driven innovation: Extending the licence to foster innovation", *Management Decision, Vol. 48,* No. 1, pp. 65-84.

Kim, D. Y., Wen, L. and Dolh, K. (2010). "Does cultural difference affect customer's response in a crowded restaurant environment: A comparison of American versus Chinese customers", *Journal of Hospitality & Tourism Research, Vol. 34,* No. 1, pp. 103-123.

Knusden, M. P. (2007). "The relative importance of interfirm relationships and knowledge transfer for new product development success", *Journal of Product Innovation Management, Vol. 24,* No. 2, pp. 117-138.

Kotler, P. (2000). *Marketing Management: The Millennium Edition*. Upper Saddle River, NJ: Prentice-Hall.

Lamoreaux, N. R., Raff, D. M. G. and Temin, P. (2002). "Beyond markets and hierarchies: Toward a new synthesis of American business history", *Working Paper No. 9029.* National Bureau of Economic Research, Cambridge, MA, July, p. 58.

Lee, Y. L. and Song, S. (2010). "An empirical investigation of electronic

word-of-mouth: Informational motive and corporate response strategy",
Computers in Human Behavior, Vol. 26, No. 5, pp. 1073-1080.

Lewin, A. Y. and Peeters, C. (2006). "Offshoring work: Business hype or the
onset of fundamental transformation?", *Long Range Planning, Vol. 39,* No.
3, pp. 221-239.

Lilien, G. L. (2011). "Bridging the academic-practitioner divide in marketing
decision models", *Journal of Marketing, Vol. 75,* No. 4, pp. 196-210.

Lind, E. A. and Tyler, T. R. (1988). *The Social Psychology of Procedural Justice.*
New York: Plenum Press.

Lings, I. N. and Greenley, G. E. (2010). "Internal market orientation and market-
oriented behaviours", *Journal of Service Management, Vol. 21*, No. 3, pp.
321-343.

Lings, I. N. and Greenly, G. E. (2005). "The impact of internal and external
market orientations on firm performance", *ANZMAC 2005 Conference
Proceeding*, pp. 42-50.

Lovelock, C. (1991). *Services: Englewood Cliffs.* NY: Prentice Hall.

Lovelock, C. (1983). "Classifying services to gain strategic marketing
insights", *Journal of Marketing, Vol. 47,* No. 3, pp. 9-20.

Lovelock, C. H. (2000). *Services Marketing: People, Technology, Strategy* (4th
Edition). Prentice Hall.

Lusch, R. F., Vargo, S. L. and O'Brien, M. (2007). "Competing through service:
Insights from service-dominant logic", *Journal of Retailing, Vol. 83,* No. 1,
pp. 8-15.

Magilo, P. P., Kieliszewski, C. A. and Spohrer, J. C. (2010). *Handbook of Service
Science.* Springer.

Martilla, J. A. and James, J. C. (1977). "Importance performance analysis",
Journal of Marketing, 41(1), 77-79.

Maslow, A., Deborah, C. S. and Heil, G. (1998). *Maslow on Management.*
September, John Wiley & Sons, Inc.

Melton, H. L. and Hartline, M. D. (2013). "Employee collaboration, learning
orientation an NSD performance", *Journal of Service Research, Vol. 16,*

No. 4, pp. 411-25.

Michel, S., Brown, S. W. and Gallan, A. S. (2008b). "Service-logic innovations: How to innovate customers, not products", *California Management Review, Vol. 50,* No. 3, pp. 49-65.

Milliman, R. E. (1986). "The influence of background music on the behavior of restaurant patrons", *Journal of Consumer Research, Vol. 13*, Sep., pp. 286-289.

Mishra, D. K. (2009). *Operations Management: Critical Perspectives on Business.* Global India Publications.

Mont, O. (2004). "Institutionalization of sustainable consumption patterns based on shared use", *Ecological Economics, Vol. 50,* Nos 1/2, pp. 135-53.

Morris, C. R. (2005). *The Tycoons, Henry Holt and Company.* New York, NY.

Munzel, A. and Kunz, W. H. (2014). "Creators, multipliers, and lurkers: Who contributes and who benefits at online review sites", *Journal of Service Management, Vol. 25,* No. 1, pp. 49-74.

Nijssen, E. J., Hillebrand, B., Vermeulen, P. A. M. and Kemp, R. G. M. (2006). "Exploring product and service innovation similarities and differences", *International Journal of Research in Marketing, Vol. 23,* No. 3, pp. 241-251.

Nonaka, L. and Konno, N. (1998). "The concept of "Ba" : Building a foundatrion for knowledge creation", *California Management Review,* 40(3), 40-54.

Normann, R. (2001). *Reframing Business: When the Map Changes the Landscape.* John Wiley & Sons, Chichester.

O'Connor, S. J., Trinh, H. Q. and Shewchuk, R. M. (2000). "Perceptual gaps in understanding patient expectations for health care service quality", *Health Care Management Review, Vol. 25,* No. 2, pp. 7-23.

Official Airline Guides (OAG) (1998). *OAG Business Travel Lifestyle Survey.* OAG.

Ojasalo, J. (1999). *Quality Dynamics in Professional Services.* Helsinki: Hanken Swedish School of Economics Finland/CERS, p. 97.

Oliver, R. L. (1999). "Whence consumer loyalty", *Journal of Marketing, Vol.*

63, No. 4, pp. 33-44.

Oliver, R. L. (1997). *Satisfaction: A Behavioral Perspective on the Consumer.* Irwin/McGraw-Hill, New York.

Ordanini, A. and Parasuraman, A. (2011). "Service innovation viewed through a service-dominant logic lens: A conceptual framework and empirical analysis", *Journal of Service Research, Vol. 14,* No. 1, pp. 3-23.

Otterman, S. (2004). *Outsourcing Jobs.* available at: www.cfr.org/pakistan/trade-outsourcing-jobs/ p7749 (accessed August 28, 2013)

Park, C. and Lee, T. M. (2009). "Antecedents of online reviews' usage and purchase influence: An empirical comparison of US and Korean consumers", *Journal of Interactive Marketing, Vol. 23,* No. 4, pp. 332-340.

Park, S. B. and Park, D. H. (2013). "The effect of low-versus high-variance in product reviews on product evaluation", *Psychology & Marketing, Vol. 30,* No. 7, pp. 543-554.

Pavitt, K. (2004). Innovation process, In Fagerberg, J., Mowery, D. C. and Nelson, R. R. (Eds). *The Oxford Handbook of Innovation.* Oxford University Press, Oxford, pp. 86-114.

Penttinen, E. and Palmer, J. (2007). "Improving firm positioning through enhanced offerings and buyer-seller relationships", *Industrial Marketing Management, Vol. 36,* No. 5, pp. 552-564.

Peppers, D. and Rogers, M. (1997). *Enterprise One to One: Tools for Competing in the Interactive Age.* Currency Doubleday, New York, NY.

Peters, T. and Waterman, R. H. Jr. (1982). *In Search of Excellence: Lessons of America's Best-Run Companies.* Profile Books.

Ponsignon, F., Smart, A. W. and Hall, J. (2015). "Healthcare experience quality: An empirical exploration using content analysis techniques", *Journal of Service Management, Vol. 26,* No. 3, pp. 460-485.

Raposo, M. L., Alves, H. M. and Duarte, P. A. (2009). "Dimensions of service quality and satisfaction in healthcare: A patient's satisfaction index", *Service Business, Vol. 3,* pp. 85-100.

Rathmell, J. M. (1966). "What is meant by services?", *Journal of Marketing,*

服務業管理概論

30 (October), 32-36.

Ray, M. L. and Rochelle, M. (1989). *Creativity in Business.* January, Doubleday.

Reason, J. (2003). *Human Error.* Cambridge University Press.

Reibstein, D. J., Day, G. and Wind, J. (2009). "Guest editorial: Is marketing academia losing its way?", *Journal of Marketing, Vol. 73,* No. 4, pp. 1-3.

Reichheld, F. F. (1996). *The Loyalty Effect: The Hidden Force Behind Growth, Profits, and Lasting Value.* Harvard Business School Press.

Reiss, S. (2004). "Multifaceted nature on intrinsic motivation: The theory of 16 basic desires", *Review of General Psychology, 8,* 179-193.

Richard, N. (1991). *Service Management.* John Wiley & Sons, p. 83.

Rust, R. T., Zeithaml, V. A. and Lemon, K. N. (2004). "Customer-centered brand management", *Harvard Business Review, 82*(Sept), 110-118.

Ryan, R. M. and Deci, E. L. (2000). "Intrinsic and extrinsic motivations: Classic definitions and new directions", *Contemporary Educational Psychology, Vol. 25,* pp. 54-67.

Sampson, S. E. and Froehle, C. M. (2006). "Foundations and implications of a proposed unified services theory", *Production and Operations Management, Vol. 15,* No. 2, pp. 329-343.

Schewe, C. D. and Alexander, H. (1998). *The Portable MBA in Marketing: Provides Essential Knowledge to Compete Globally, Improve Customer Loyalty, and Utilize the Latest Technologies.* April, John Wiley & Sons.

Schiling, A. and Werr, A. (2009). "Managing and organizing for innovation in sevice firms: a literature review with annotated bilbliography", *Vinnova Report No. VR 2009:06,* Stockholm School of Economics, Stockholm, available at: www.vinnova.se/upload/EPiStorePDF/vr-09-06.pdf (accessed 8 October 2013).

Schlesinger, L. A. and Heskett, J. L. (1991). "Breaking the cycle of failure in services", *Sloan Management Review, 32*(3), Spring, pp. 17-28.

Schmenner, R. W. (2009). "Manufacturing, service, and their integration: Some history and theory", *International Journal of Operations & Production Management, Vol. 29,* No. 5, pp. 431-443.

參考文獻

Senge, P. M. (1994). *The Fifth Discipline: The Art & Practice of the Learning Organization.* January, Currency/Doubleday.

Shapiro, T. (2015). "Domestic versus offshore service providers: The impact of cost, time, and quality sacrifices on consumer choice", *Journal of Service Management, Vol. 26,* No. 4, pp. 608-624.

Sharma, P., Mathur, P. and Dhawan, A. (2009). "Exploring customer reactions to offshore call center: Toward a comprehensive conceptual framework", *Journal of Services Marketing, Vol. 23,* No. 5, pp. 289-300.

Shewhart, W. N. (1931). *Economic Control of Quality of Manufactured Product.* New York: D. Van Norstrand Company.

Sichtmann, C. (2007). "An analysis of antecedents and consequences of trust in a corporate brand", *European Journal of Marketing, Vol. 41,* Nos 9/10, pp. 999-1015.

Sizzo, S. (2007). "The effect of intercultural sensitivity on cross-cultural service encounters in selected markets: Hawaii, London and Florida", *Journal of Applied Management and Entrepreneurship, Vol. 12,* No. 1, pp. 47-66.

Skinner, B. F. (1976). *About Behaviorism.* Vintage Books Edition, Feb.

Slyuotky, A. J. (1995). *Value Migration: How to Think Several Moves Ahead of the Comptition.* Corporate Decisions, Inc,'s.

Smith, A. (1776). *An Inquiry into the Nature and Causes of the Wealth of Nations.* London: Methuen & Co., Ltd.

Smith, A. K., Bolton, R. N. and Wagner, J. (1999). "A model of customer satisfaction with service encounters involving failure and recovery", *Journal of Marketing Research, Vol. 36,* No. 3, pp. 356-372.

Solomon, M. R., Carol, S., John, A. C. and Evelyn, G. G. (1985). "A role theory perspective on dynamic interactions: The service encounter", *Journal of Marketing, 41*(1), 99-111.

Spangenberg, E. R., Crowley, A. E. and Henderson, P. W. (1996). "Improving the store environment: Do olfactory cues affect evaluations and behaviors?", *Journal of Marketing, Vol. 60,* April, pp. 67-80.

Spreng, R. A., Harrell, G. D. and Mackoy, R. D. (1995). "Service recovery:

Impact on satisfaction and intentions", *Journal of Service Marketing, Vol. 9*, No. 1, pp. 15-23.

Spring, M. and Araujo, L. (2009). "Service, services and products: Rethinking operations strategy", *International Journal of Operations & Production Management, Vol. 29,* No. 5, pp.444-467.

Stephen, A. T. and Lehmann, D. R. (2009). "Why do people transmit word-of-mouth? The effects of recipient and relationship characteristics on transmission behaviors", *Working Paper*, Columbia University, New York, NY, May 4.

Stöckl, R., Rohrmeier, P. and Hess, T. (2007). "Why customer produce user generated content", In Hass, B. H., Walsh, G. and Kilian, T. (Eds). *Web 2.0: Neue Perspektiven für Marketing und Medien*. Springer, Heidelberg, pp. 272-287.

Sundaram, D. S., Mitra, K. and Webster, C. (1998). "Word-of-mouth communication, a motivational analysis", *Advances in Consumer Research, Vol. 25,* No. 1, pp. 527-531.

Sundbo, J. (2008). Innovation and involvement in services, In Fuglsang, L. (Ed.). *Innovation and the Creative Process: Towards Innovation with Care*. Edward Elgar, Cheltenham, England, pp. 25-47.

Sundbo, J. (1997). "Management of innovations in services", *The Service Industries Journal, Vol. 17,* No. 3, pp. 432-455.

Tax, S. S. and Brown, S. W. (1998). "Recovering and learning from service failure", *Sloan Management Review*, Fall, pp. 75-88.

Taylor, S. (1994). "Waiting for service the relationship between delays and evaluations of service", *Journal of Marketing, Vol. 58,* No. 2, pp. 56-69.

The European Foundation for Quality Management (EFQM)Viewpoint (1993). *Total Quality Management*. August, pp.11-12.

Thondike, E. L. (1898). "Animal intelligence: An experimental study of the associative processes in animals", *Psychological Monographs: General and Applied, 2*(4), i-109.

Toivone, M. (2010). Different types of innovation processes in services and their

organizational implications. In Gallouj, F. & Djellal, F. (Eds). *The Handbook of Innovation and Services*, Cheltenham: Edward Elgar, pp. 221-249.

Trott, P. (1998). *Innovation Management and New Product Development*. Pitman Publishing, London.

Uncles, M. D., Dowling, G. R. and Hammond, K. (2003). "Customer loyalty and customer loyalty programs", *Journal of Consumer Marking, Vol. 20,* No. 4, pp. 294-316.

Van Vaerenbergh, Y., Lariviere, B. and Vermeir, I. (2012). "The impact of process recovery communication on customer satisfaction, repurchase intentions, and word-of mouth intentions", *Journal of Service Research, Vol. 15,* No. 3, pp. 262-279.

Vargo, S. L. and Luisch, R. F. (2008). "Service-dominant logic; continuing the evolution", *Journal of the Academy of Marketing Science, Vol. 36,* No. 1, pp. 1-10.

Vargo, S. L. and Robert, E. L. (2004). "Evolving to a new dominant logic for marketin", *Journal of Marketing, 68*(January), 1-17.

Vasconcelos, A. F. (2008). "Broadening even more the internal marketing concept", *European Journal of Marketing, Vol. 42,* Nos 11-12, pp. 1246-1264.

Veblen, T. (1898). "The theory of the leisure class: An economic study in the evolution of institution", *The American Journal of Sociology*, United States.

Verona, C. and Ravasi, D. (2003). "Unbundling dynamic capabilities: An exploratory study of continuous product innovation", *Industrial and Corporate Change, Vol. 12,* No. 3, pp. 577-606.

Vogel, E. F. (1979). *Japan as Number One: Lessons for America*. Cambridge, MA: Harvard University Press.

Voss, G. B., Parasuraman, A. and Grewal, D. (1998). "The roles of price, performance, and expectations in determining satisfaction in service exchanges," *Journal of Marketing, 62*, 46-61.

Weerawardena, J. and Mavondo, F. T. (2011). "Capabilities, innovation and competitive advantage", *Industrial Marketing Management, Vol. 40,* No. 8, pp. 1220-1223.

Wen, B. and Chi, C. G.-Q. (2013). "Examine the cognitive and affective antecedents to service recovery satisfaction: A field study of delayed airline passengers", *International Journal of Contemporary Hospitality Management, Vol. 25,* No. 3, pp. 306-327.

Wetzer, I. M., Zeelenberg, M. and Pieters, R. (2007). "Never eat in that restaurant, I did!" : Exploring why people engage in negative word-of-mouth communication", *Psychology & Marketing, Vol. 24,* No. 8, pp. 661-680.

Williams, P. and Soutar, G. N. (2009). "Value, satisfaction and behavioral intentions in an adventure tourism context", *Annals of Tourism Research, Vol. 36,* No. 3, pp. 413-438.

Wong, N. Y. and Ahuvia, A. C. (1998). "Personal taste and family face: Luxury consumption in Confucian and Western societies", *Psychology & Marketing, Vo.15,* No. 5, pp. 423-441.

Zeithaml, V. A. (1988). "Consumer perceptions of price, quality, and value: A means-ends model and synthesis of evidence", *Journal of Marketing, 52*(July), 2-21.

Zeithaml, V. A. and Bitner, M. J. (2000). *Service Marketing: Integrating Customer Focus Across the Firm*, 2nd ed., NY: McGraw-Hill.

Zeithaml, V. A., Parasuraman, A. and Berry, L. I. (1985). "Problems and strategies in services marketing", *Journal of Marketing, 49*(Spring), 33-46.

Zhang, J. and Bloemer, J. M. M. (2008). "The impact of value congruence on consumer-service brand relationships", *Journal of Service Research, Vol. 11*, No. 2, pp. 161-178.

Zhu, X. and Zolkiewski, J. (2015). "Exploring service failure in a business-to-business context", *Journal of Services Marketing, Vol. 29,* No. 5, pp. 367-379.

二、中文部分

中山大學企業管理學系（2009/02）。《管理學》，頁90-116。新北市：前程文化。

方世榮譯（2009/02）。《服務行銷與管理》，頁454-460。台北：普林斯頓國際。

王克捷（1988）。〈品質的歷史觀：五位大師的理論演化〉。《生產力雜誌》，第17卷，第10期，頁91-98。

王勇吉（1992/01）。《行銷管理精要》。台北：千華。

吳勉勤（2014/06）。《服務品質管理》，頁155。新北市：華立圖書。

李南賢（2000）。《企業管理（管理學）》。台中：滄海。

李美華、吳凱琳譯（1999/12）。《馬斯洛人性管理經典》，頁69。台北：商周。

李隆盛（1999）。《科技職業教育的跨越》。台北：師大書苑。

李慕華、林宗鴻譯（2000/03）。《工商心理學導論》，頁607-611。台北：五南。

周春芳編著（2006/09）。《創新服務行銷：開拓藍海商機》，頁4-5。台北：五南。

房美玉（2002/07）。〈台灣半導體產業之組織文化對於內外工作動機與工作績效及工作滿意度間關聯性的影響〉。《管理評論》，第21卷，第3期，頁69-96。

林仁和（2010/03）。《商業心理學》，頁406-408。新北市：揚智。

林欽榮（2000/07）。《企業心理學》。台北：華泰。

柳婷（2005/10）。《廣告與行銷》。台北：五南。

容繼業（1996/12）。《旅行業理論與實務》。新北市：揚智。

徐西森（2005/09）。《商業心理學》，頁28-32。台北：心理。

馬志工譯（2007/01）。《M型社會新奢華行銷學》。台北：城邦文化。

國家發展委員會（2014/12）。《103年國家發展計畫》。台北：國家發展委員會出版（三民書局）。

崔立新（2010/02）。《服務業品質評量》，頁33-35。台北：五南。

張永誠（2000/08）。《服務行銷高手101》。台北：實學。

張志勇、翁仲銘、石貴平、廖文華（2013/01）。《物聯網概論》。台北：碁峰資訊。

陳海鳴（1999）。《管理概論：理論與台灣實證》。台北：華泰。

陳耀茂譯（2000/06）。《服務管理》。台北：書泉。

黃光國（1988）。《儒家思想與東亞現代化》。台北：巨流圖書。

葉日武、林玥秀（2015/08）。《管理學：服務時代的決勝關鍵》，頁468。新台市：前程文化。

遠擎管理顧問公司（2000/01）。《顧客關係管理：企業典範》。台北：遠擎管理顧問公司。

劉文良（2013/03）。《電子商務與網路行銷》，頁10-2~30。台北：碁峰資訊。

劉麗文、楊軍（2001/01）。《服務業營運管理》。台北：五南。

蔡瑞宇（1996/08）。《顧客行為學》。台北：天一。

蔣宛如譯（2003/04）。《贏在客服——打造使命必達的顧客文化》，頁35。台北：台灣培生教育。

鄭紹成（1997/06）。《服務業服務失誤，挽回服務與顧客反應之研究》。中國文化大學國際企業研究所博士論文，台北。

簡良純、李立文、鄭文郁譯（2007/05）。《應用心理學》，頁36-38。台北：雙葉書廊。

樂斌、羅凱揚（2002/11）。《電子商務》，頁48-54。台中：滄海。

三、網站部分

日本戴明獎，http: // www.deming.org，2012。

餐飲旅館系列

服務業管理概論

作　　者／張建緯

出 版 者／揚智文化事業股份有限公司

發 行 人／葉忠賢

總 編 輯／閻富萍

特約執編／鄭美珠

地　　址／新北市深坑區北深路三段 258 號 8 樓

電　　話／(02)8662-6826

傳　　真／(02)2664-7633

網　　址／http://www.ycrc.com.tw

 E-mail ／ service@ycrc.com.tw

 I S B N ／ 978-986-298-218-1

初版一刷／2016 年 3 月

初版二刷／2020 年 1 月

定　　價／新台幣 350 元

國家圖書館出版品預行編目（CIP）資料

服務業管理概論 / 張建緯著. -- 初版. -- 新北
　市：揚智文化, 2016.03
　　面；　公分. -- (餐飲旅館系列)

　　ISBN 978-986-298-218-1(平裝)

　　1.服務業管理

489.1   105003231